L'ALIMENTATION

DES

ANIMAUX DE LA FERME

PAR

C.-V. GAROLA

> Ce n'est pas du nombre des animaux, mais de la richesse et de la bonté continuelle de leur alimentation que dépend leur rendement. (J. KÜHN, *Introd.*, p. 3.)

PARIS

G. MASSON, ÉDITEUR

LIBRAIRE DE L'ACADÉMIE DE MÉDECINE

PLACE DE L'ÉCOLE-DE-MÉDECINE, 17

1876

ALIMENTATION

DES

ANIMAUX DE LA FERME

CLICHY. — IMPRIMERIE PAUL DUPONT,
Rue du Bac-d'Asnières, 12.

L'ALIMENTATION

DES

ANIMAUX DE LA FERME

PAR

C.-V. GAROLA

> Ce n'est pas du nombre des animaux, mais de la richesse et de la bonté continuelle de leur alimentation que dépend leur rendement. (J. Kuhn, *Introd.*, p. 3.)

PARIS

G. MASSON, ÉDITEUR

LIBRAIRE DE L'ACADÉMIE DE MÉDECINE

PLACE DE L'ÉCOLE-DE-MÉDECINE, 17

1876

INTRODUCTION

L'un des problèmes les plus importants de l'économie du bétail est, sans contredit, celui de son alimentation. Le profit que doit fournir cette branche de l'industrie agricole lui est intimement lié ; et c'est de l'ignorance où l'on était à ce sujet qu'est né cet axiome de l'ancienne école agronomique : *le bétail est un mal nécessaire, nécessaire parce que seul il peut fournir à l'agriculture les engrais qui lui sont indispensables.* Mais, depuis que la science est venue éclairer cette question, les idées des agriculteurs se sont peu à peu modifiées, et aujourd'hui ils admettent tous, sauf les rares représentants de l'ancienne doctrine, que *la base fondamentale de l'exploitation lucrative du sol est l'entretien judicieux et l'alimentation rationnelle du bétail.*

Les animaux domestiques sont des machines

dans l'acception la plus rigoureuse du mot ; des machines, comme l'entendent la mécanique et l'industrie. De même que les hauts-fourneaux et les forges, les métiers à filer et à tisser, les presses et les locomotives, etc., les animaux sont des machines rendant des services et donnant des produits. Et même l'agriculteur qui exploite les machines vivantes, est placé dans une situation plus avantageuse que l'industriel qui emploie les machines inertes. Car, loin de perdre de leur valeur par le fonctionnement comme celles-ci, les premières ne font qu'en gagner, puisqu'ainsi que l'enseigne la nouvelle doctrine zootechnique, il ne doit jamais y avoir d'amortissement du bétail, l'agriculteur pouvant toujours s'en défaire lorsqu'il a atteint son maximum de valeur.

Leurs services et leurs produits sont la raison de l'exploitation des animaux dans nos fermes, et ils n'ont de valeur qu'autant qu'on en a le débouché. Suivant les circonstances, on leur demande la force motrice nécessaire pour les travaux que l'homme entreprend ; la viande et le lait qui servent à sa nourriture, ou enfin la laine, le poil, etc., qui lui procurent le vêtement.

L'exploitation du bétail doit être dirigée différemment, suivant que l'on poursuit l'une ou l'autre de ces utilités, et c'est surtout par le mode d'alimentation que s'obtiennent les différents résultats que l'on recherche. C'est principalement, en effet, par la gymnastique fonctionnelle de l'appareil digestif, que les fameux éleveurs d'Angleterre ont donné aux races de leurs contrées des aptitudes si merveilleuses. C'est l'alimentation, dirigée dans un but déterminé de production, qui a formé ces admirables machines à viande que l'on appelle le Durham, le Dishley, le Southdown, etc. N'est-ce pas aussi l'alimentation qui a produit ces chevaux de vitesse, tout squelette, énergie, force vive, que l'on admire dans nos hippodromes, et desquels on peut dire avec le poëte :

Ils n'ont fait que passer, et n'étaient déjà plus?

La base du profit, dans l'entretien du bétail, est donc *l'alimentation dirigée dans le sens de production que demande le débouché*. Il faut par conséquent que l'agriculteur sache faire produire aux animaux qu'il exploite le plus possible de travail, de viande, de lait, de laine, etc., avec la quantité d'aliments dont il dispose, car le revenu de la ferme augmente avec le rendement de ces machines.

Or, pour que l'agriculteur puisse tirer des animaux le plus grand produit net possible, pour que l'utilisation des fourrages soit aussi complète qu'on peut le désirer, il faut qu'il connaisse le fonctionnement des machines dont il dispose et la composition des matières premières qu'il emploie. Des notions suffisantes sur la physiologie de la nutrition lui sont surtout indispensables, puisque c'est par ce côté principalement qu'il a une action dominatrice sur la machine vivante; un agriculteur qui manquerait de ces sortes de connaissances, ne pourrait certes pas empêcher son temps, ses peines et ses capitaux d'être engloutis dans le fatal mouvement de ses rouages.

Ferme de SAINT-MAURICE.

7 juillet 1875.

L'ALIMENTATION

DES ANIMAUX DE LA FERME.

PREMIÈRE PARTIE.

L'animal et la plante.

PLAN.

L'animal, comme tous les organismes vivants, doit recevoir du dehors, au moyen d'aliments, *tous les éléments chimiques qui constituent son corps.* Si un seul de ces éléments vient à faire défaut dans l'alimentation, le développement de l'individu ne peut être qu'anormal et incomplet ; et, si son absence est prolongée, la mort est inévitable. L'attention tout entière de celui qui spécule sur l'entretien du bétail, doit donc sans cesse être fixée sur ce sujet, car un apport convenable en quantité et qualité de ces éléments indispensables est la base essentielle de toute opération de ce genre.

L'observation et l'expérimentation ont démontré d'abord que les végétaux seuls sont aptes à tirer leur nourriture du règne minéral. La nature les a destinés à produire les principes immédiats qui doivent servir à l'alimentation des animaux herbivores, animaux qui sont eux-mêmes les laboratoires où s'élabore la nourriture des carnassiers. D'où il suit que c'est dans les plantes que l'on doit aller chercher les principes nutritifs pour les animaux qui nous intéressent : équidés, ruminants et même suidés.

La composition chimique du corps animal nous indiquera quels genres de principes nous avons à rechercher, et, par conséquent, ce qui doit entrer dans toute ration alimentaire pour qu'elle soit complète ; celle de la composition chimique des végétaux, nous montrera quelles sortes de principes les plantes renferment ; et, enfin, l'étude spéciale de la digestion et de la digestibilité nous fera saisir la manière dont la machine animale et la substance végétale, qui est la matière première que nous avons en vue de transformer pour en tirer un plus grand profit, se comportent l'une vis-à-vis de l'autre.

I

Composition chimique du corps animal.

Ce sont les matières azotées qui forment la base du corps animal. Elles y sont la condition de toute formation organisée. — La graisse se rencontre aussi dans tous les tissus, dans toutes les humeurs, et elle joue un rôle très-considérable dans la formation de tous les éléments figurés du corps. — On rencontre aussi, dans l'organisme animal, certaines autres matières non azotées. — La combustion de tous les tissus organiques, dont la réunion forme l'animal, et de toutes les humeurs, laisse un résidu plus ou moins considérable : ce sont des cendres, des matières minérales.

En résumé on trouve, dans le corps animal, trois grandes catégories de principes immédiats :

les principes azotés,
les matières grasses,
et les hydrates de carbone;

de plus on y remarque constamment la présence

des matières minérales.

Nous allons rapidement passer en revue ces substances, et examiner quel est le rôle de chacune d'elles.

PREMIÈRE PARTIE.

A. — Substances organiques azotées.

Les substances azotées les plus importantes sont celles que l'on désigne sous le nom de *matières protéiques ou albuminoïdes*, et dont les principales sont l'*albumine*, la *fibrine* et la *caséine*.

L'albumine est la matière du blanc d'œuf. Elle jouit de la propriété de se coaguler sous l'influence de la chaleur. Elle est soluble dans l'eau qu'elle rend opalescente, et la coagulation lui fait perdre cette propriété. On la trouve en abondance dans le sérum du sang, dont on l'extrait en la coagulant par l'ébullition.

La fibrine forme aussi une partie importante du sang. Elle a la propriété de se coaguler aussitôt que celui-ci est sorti du vaisseau qui le contient. Elle forme alors de longs filaments que l'on extrait du caillot en le malaxant sous un filet d'eau. Insolubles dans l'eau, ces filaments sont blancs, élastiques, quand ils sont humides ; desséchés, ils deviennent cassants et demi-transparents.

La caséine est la matière azotée fondamentale du lait. Soluble dans l'eau, et surtout dans l'eau légèrement alcaline, elle est coagulable par les acides ; mais la chaleur ne la coagule pas. C'est à la formation spontanée d'acide lactique, aux dépens du lactose, que le lait laissé à lui-même pendant un certain temps, doit la propriété d'abandonner un coagulum. La caséine une fois desséchée ne se redissout plus dans l'eau.

Ces trois substances, si différentes par leurs formes et leurs propriétés, ont pourtant la même composition élémentaire.

Composition élémentaire de l'albumine de la fibrine et de la caséine animales :

	Albumine.	Fibrine.	Caséine.	Moyenne.
	—	—	—	—
Carbone......	53.5	52.8	53.5	53.3
Hydrogène...	7.1	7.0	7.0	7.0
Oxygène.....	23.6	23.7	23.7	23.7
Azote........	15.8	16.5	15.8	16.0
	100.0	100.0	100.0	100.0

On appelle ces matières protéiques à cause de la facilité avec laquelle elles se transforment, et changent de propriétés sans changer de composition, sous l'influence de la vie. C'est la transformation de l'albumine et de la fibrine du sang qui donne naissance à toutes les matières azotées de l'organisme : à la *musculine* des fibres musculaires ; à la *neurine* de la substance nerveuse ; à la *kératine* de l'épiderme, de la corne et des productions pileuses ; à la substance organique fondamentale des tissus osseux, cartilagineux et conjonctifs. Le tissu adipeux ne peut se former sans leur concours, puisque chacune des cellules qui le composent a une enveloppe azotée.

B. — Substance grasse.

De toutes les matières organiques non azotées que l'on trouve dans le corps animal, la graisse est celle qui joue le plus grand rôle. Toutes les sortes de graisses sont des mélanges des divers éthers que produit la glycérine avec les acides gras dont les principaux sont les acides stéarique, oléique, margarique et butyrique. On rencontre la graisse dans tous les tissus et dans tous les organes. La substance organique des os contient depuis 2,36 jusqu'à 11,11 de graisse, tous les muscles en renferment, et la substance nerveuse en est en partie composée. On la rencontre en abondance dans le sang, dans le lait, dans l'œuf.

Il est certains endroits du corps où elle s'accumule de préférence en grande quantité. Elle se dépose en abondance dans le tissu conjonctif placé immédiatement sous la peau; c'est sa présence en ce tissu qui rend les formes arrondies et agréables et qui caractérise le bon état d'un animal. Le panicule graisseux sous-cutané est beaucoup plus développé chez la femme que chez l'homme, et en général chez la femelle que chez le mâle; et c'est pourquoi il est rare que l'on aperçoive chez celle-là l'angle formé par les ailes thyroïdiennes nommé vulgairement pomme d'Adam, comme on le voit chez celui-ci. La graisse s'accumule aussi en grande quantité autour des reins, dans le mésentère et les épiploons.

Lorsque l'alimentation ne renferme pas une quantité suffisante de cette substance ou de celles qui, comme nous le verrons, peuvent se transformer en graisse, l'organisme, pour sa consommation quotidienne, va la chercher où il l'avait déposée. C'est ainsi que, par une diète prolongée, on voit disparaître presque toute la graisse qui s'était accumulée dans le corps. Cependant, même chez l'animal mort d'inanition, on en rencontre toujours une certaine quantité à la base du cœur et au fond de l'orbite de l'œil.

Avec les éléments protéiques, les matières grasses jouent un grand rôle dans la formation et la nutrition des éléments figurés.

C. — Substances ternaires non azotées.

Le sang et la substance musculaire renferment toujours une petite quantité d'acide lactique, produit catalytique du sucre de lait ou lactose. On rencontre aussi dans le sang de la dextrine et du glucose (sucre de raisin). Tous ces corps sont dits des *hydrates de carbone*, parce que l'on peut les considérer comme formés de carbone et d'un certain nombre d'équivalents d'eau.

Voici du reste leur composition centésimale :

	Formule chimique.	Carbone.	Eau.
	—	—	—
Lactose.........	$C^{12}H^{12}O^{12}$	39,999 (10)	59,999 (60)
Glucose,........	$C^{12}H^{12}O^{12}$		
Acide lactique...	$C^{6}H^{6}O^{6}$		
Dextrine........	$C^{12}H^{10}O^{10}$	44,444	55,555

On trouvera plus loin (II, B, 1°, *a*) les propriétés des principaux de ces corps.

D. — Matières minérales.

Tous les tissus de l'organisme contiennent une plus forte proportion de matière organique que de matière minérale, à l'exception toutefois du tissu osseux. Celui-ci contient en effet jusqu'à 0,68 de matière inorganique, composée principalement de phosphate et de carbonate de chaux, dans la proportion de 0,54 du premier sel et de 0,12 du second ; le reste se compose de phosphate de magnésie et d'une très-faible quantité de sels solubles.

Dans le tableau suivant nous avons consigné la composition de la partie minérale des os des différents genres d'animaux.

Composition de la partie minérale du tissu osseux.

PROVENANCE des os.	MATIÈRE minérale p. 0/0 des os.	PHOSPHATE de chaux.	PHOSPHATE de magnésie.	CARBONATE de chaux.	SELS solubles.	ANALYSTES
Os de bœuf	67.0	86.0	3.1	5.8	5.1	Berzélius.
Idem.	69.0	78.3	2.0	18.4	1.3	Bibra.
Cheval	68.9	78.9	2.6	17.4	1.1	*Idem.*
Mouton	69.6	80.2	1.4	17.6	0.8	*Idem.*
Porc nouveau-né	57.0	84.1	11.0	4.5	0.4	Boussingault.
Porc de 8 mois	53.4	91.3	3.6	3.6	1.5	*Idem.*
Porc de 1 an	53.5	92.4	3.8	3.4	0.4	*Idem.*

Les cendres de toutes les autres parties du corps donnent à l'analyse de la potasse, de la soude, de la magnésie, de la chaux, de l'oxyde de fer, du chlore, des acides phosphorique et sulfurique.

Ces matières ne sont pas telles dans l'organisme qu'on les trouve dans les cendres. Ainsi le soufre et une grande partie du phosphore sont toujours combinés aux matières protéiques. L'albumine de l'œuf a pour formule chimique :

$$10(C^{40}H^{31}O^{12}Az^{5}) + P\frac{1}{2}S^{2}$$

celle de l'albumine du sang est :

$$10(C^{40}H^{31}O^{12}Az^{5}) + P\frac{1}{2}S.$$

Les substances minérales que l'on trouve dans les cendres du sang sont le chlorure de sodium (sel de cuisine), la soude, la potasse, la chaux, la magnésie, l'oxyde de fer, l'acide phosphorique et l'acide sulfurique. Le fer du sang fait partie de l'hémoglobine, matière colorante rouge des globules sanguins. Elle en renferme 6 à 7 0/0.

Les éléments musculaires et nerveux sont surtout riches en acide phosphorique. Cet acide a une grande importance dans la formation de tous les éléments figurés.

On voit donc que les substances minérales entrent dans la constitution de tous les organes, et qu'elles sont par conséquent indispensables à toute formation organisée. L'acide phosphorique surtout y entre en forte proportion. Il est donc nécessaire de veiller à ce qu'il ne fasse jamais défaut dans l'alimentation, surtout dans le jeune âge, où le besoin en est très-grand. Du reste l'expérimentation a démontré que l'absence prolongée de l'une des matières minérales dont nous venons de parler, dans une ration alimentaire, est incompatible avec la continuation de la vie.

L'eau forme aussi une partie nécessaire et très-importante du corps animal. Elle forme quelquefois jusqu'aux deux tiers de son poids. Elle pénètre tous les tissus, baigne tous les organes, et est par là le véhicule général des matériaux organiques et minéraux qui concourent, par leurs mutations et leurs combinaisons, à la formation de l'organisme vivant. C'est par son intermédiaire que sont apportées, dans tous les points de l'économie, les substances qui doivent servir à la nutrition des organes ; et c'est aussi l'eau qui entraîne dans son courant toutes les parties des tissus qui ont été usées par le fonctionnement vital. La quantité d'eau que rejettent les animaux est considérable : toutes les sécrétions liquides ont pour base l'eau, les déjections en sont fortement imprégnées, et il se fait par la peau et les poumons une émission de vapeur d'eau très-notable. Le besoin d'eau des animaux est donc très-grand, et toute ration qui n'en contient pas une suffisante quantité est par cela même incomplète.

E. — Du sang. — Vie intime.

Les principes de la formation de tous les tissus leur sont fournis par le sang qui, se distribuant dans une multitude infinie de canaux, va porter la vie dans tous les points de l'économie. La connaissance de sa composition a donc pour nous le plus haut intérêt.

Le sang est un liquide d'un rouge intense qui tient en suspension ou en dissolution dans l'eau, qui en forme la base :

1° des globules blancs et rouges,
2° des matières protéiques,
3° des matières grasses,
4° des glucosides,
5° des matières inorganiques,
6° des gaz.

On appelle *plasma sanguin*, le sang débarrassé des globules.

Nous donnons, dans ce qui suit, la composition quantitative et qualitative du sang d'après les analyses les plus connues :

Le sang complet renferme 0,33 de globules et 0,67 de plasma.

Les globules sont composés de 0,87 de globuline, 0,12 d'hémoglobine renfermant 0,0084 de fer, et 0,01 de sels.

On trouve dans le plasma 0,907 d'eau, 0,01 de fibrine, 0,07 d'albumine, 0,001 de graisse, 0,004 de sucre et dextrine, et 0,008 de sels minéraux renfermant : 0,0037 de sel marin, 0,0025 de soude, 0,0006 de potasse, 0,000072 de chaux et de magnésie, 0,0006 de fer peroxydé, 0,00032 d'acide phosphorique, et enfin 0,0002 de matières non déterminées.

Le sang renferme en dissolution des gaz dont la quantité varie suivant que l'on considère le sang artériel et le sang veineux.

Gréhant a trouvé dans 100^{cc} de sang de cheval :

	Sang artériel.	Sang veineux.
	—	—
Oxygène	3.14	1.47
Azote	1.15	2.35
Acide carbonique	8.23	7.30

Ce qui différencie le sang artériel et le sang veineux n'est donc pas la surabondance de l'acide carbonique dans le dernier, mais bien la grande quantité d'oxygène que renferme le premier.

Dès que le sang est sorti de la veine, il se coagule : une masse rouge et molle se sépare d'un liquide jaunâtre. La masse rouge, ou caillot, contient la fibrine et les globules ; la partie liquide, le sérum, renferme toutes les autres substances. Le plasma ne diffère du sérum que par la présence de la fibrine.

Les formes élémentaires, cellules et fibres, trouvent dans le plasma sanguin qui les baigne sans cesse, tous les éléments nécessaires à leur nutrition et à leur fonctionnement, ainsi que l'oxygène sous l'influence duquel se passent toutes les transformations qui constituent le mouvement de la vie.

Chaque cellule est un petit être organisé qui se reproduit et qui fonctionne. Tant qu'un tissu est en croissance, chaque cellule forme, aux dépens du plasma qui la baigne, en se divisant ou en bourgeonnant, des cellules semblables à elles, qui à leur tour se multiplient. Le plasma étant partout identique, c'est moins à ses propriétés qu'aux tendances des éléments figurés, que les différents tissus doivent leurs formes et leurs caractères spéciaux.

— Le fonctionnement de la cellule consiste en un continuel renouvellement de ses éléments. Chaque élément figuré absorbe par dialyse les matériaux de sa constitution, et rejette ceux que la vie a usés. Les combinaisons et les décompositions qui s'opèrent alors dans l'intérieur de la cellule ne nous sont pas connues, mais nous savons du moins qu'un de leurs principaux résultats est une production de chaleur. Celle-ci se manifeste de deux manières principales : une partie est employée à maintenir à sa température normale le corps vivant ; une autre partie se manifeste sous forme de force d'après la loi d'équivalence. La première partie de la chaleur est surtout produite par la transformation des substances hydrocarbonées du plasma en acide carbonique et en eau, par le fonctionnement vital. La seconde partie est produite principalement par les mutations que subissent les substances quaternaires azotées, albumine et fibrine du sang, qui passent à l'état de créatine, créatinine, acide urique, acide hippurique et urée.

Ces derniers résidus du fonctionnement de la vie intime des cellules sont éliminés par la dépuration urinaire. Des premiers, l'acide carbonique est exhalé dans l'acte de la respiration pulmonaire et la respiration cutanée avec une partie de l'eau ; l'excès de celle-ci est entraîné dans les diverses sécrétions.

F. — Conclusion. — Éléments essentiels d'une ration alimentaire.

La conclusion naturelle à tirer de tout ce qui précède est qu'une alimentation rationnelle doit fournir à l'animal exploité quatre sortes de matériaux :

1° des matières protéiques,
2° des substances grasses,
3° des hydrates de carbone,
et 4° des substances inorganiques ;

ces dernières sont qualitativement déterminées dans ce que nous avons vu plus haut.

Avec ces éléments, l'animal a tout ce qu'il lui faut pour la constitution de son sang et la nutrition de ses éléments organisés. Mais il ne suffit pas, pour le bon fonctionnement de la machine vivante, que ces substances soient présentes dans les matières premières qu'elle a à transformer, il faut que leur qualité lui soit appropriée et que la quantité de chacune d'elles soit conforme à ses besoins.

II

Composition chimique des végétaux.

Les végétaux qui fournissent exclusivement aux animaux qui nous intéressent de quoi soutenir leur existence contiennent, en diverses proportions, les mêmes éléments fondamentaux. Ils ne diffèrent guère entre eux que par leur constitution immédiate, et c'est cette dernière qu'il nous est indispensable de connaître.

Les principes immédiats des végétaux qui peuvent servir à la nutrition se divisent en deux grandes classes :

Les principes immédiats de la première classe, qualifiés du nom d'éléments protéiques, ou plus simplement de protéine, renferment en moyenne 16 0/0 d'azote. Ce sont des principes quaternaires, qui correspondent exactement aux matières protéiques ou albuminoïdes que nous avons rencontrées dans le corps des animaux.

Les principes immédiats de la seconde classe, désignés sous le nom d'éléments hydrocarbonés, sont des corps ternaires renfermant de l'hydrogène, de l'oxygène et du carbone. Ils se divisent en hydrates de carbone et en matière grasse.

Les hydrates de carbone sont, comme ceux que l'on rencontre dans le corps animal, composés de carbone et d'un certain nombre d'équivalents d'eau. On les subdivise en glucosides, ou corps facilement transformables en glucose, et en ligneux ou cellulose incrustée.

On comprend sous la dénomination de matières grasses, les principes ternaires solubles dans l'éther. Elles renferment en réalité les huiles, la chlorophylle ou matière verte et des résines.

Enfin, l'incinération de tous les végétaux donne des cendres. Ils renferment donc des matières minérales.

A. — Matières protéiques.

Les principales matières azotées alimentaires que l'on rencontre dans les végétaux sont *l'albumine*, la *fibrine* et la *caséine* végétales.

Presque tous les extraits végétaux faits à froid, le jus des pommes de terre, celui des betteraves, etc., renferment une matière azotée qui se coagule facilement par l'action du feu : par l'ensemble de ses propriétés, cette matière rappelle complètement l'albumine de l'œuf ; elle a reçu le nom *d'albumine végétale* (*P.-P. Dehérain*).

Dans les graines de céréales, et surtout dans le blé, on trouve une matière azotée insoluble dans l'eau. Pour la séparer, on prend de la farine, on en fait une pâte qu'on malaxe sous un filet d'eau : l'amidon est entraîné, et il reste dans la main de l'opérateur une matière grisâtre, molle, élastique, le gluten, qui jouit de toutes les propriétés de la fibrine. Aussi l'appelle-t-on encore *fibrine végétale*.

La farine des pois, des haricots et des autres légumineuses, traitée par l'eau froide, abandonne en dissolution un principe azoté, qu'on précipite en additionnant le liquide d'acide acétique ou fort vinaigre. Cette matière, qui ne se coagule pas par l'action de la chaleur, jouit des mêmes propriétés que la caséine du lait. On l'appelle légumine, ou encore, pour ses propriétés, *caséine végétale*. — « Les Chinois fabriquent même avec des pois un véritable fromage ayant la plus grande ressemblance pour le goût et l'odeur avec ceux que l'on fait avec le lait. » (G. Lechartier.)

Le tableau suivant donne la composition élémentaire de ces trois principes azotés.

	Albumine.	Fibrine.	Caséine.	Moyenne.
Carbone......	53.7	53.2	53.5	53.5
Hydrogène...	7.1	7.0	7.1	7.1
Oxygène.....	23.5	23.3	23.4	23.4
Azote........	15.7	16.5	16.0	16.0
	100.0	100.0	100.0	100.0

Si l'on rapproche ce tableau de celui que nous avons donné plus haut (I—A), on remarque une identité presque parfaite entre les matières protéiques des deux règnes.

« Cette identité de composition et de propriétés conduit naturellement à penser que les animaux ne créent point toutes les substances qui concourent à leur organisation, mais qu'ils en trouvent de toutes formées dans les aliments. D'où il faut conclure que les herbivores assimilent directement plusieurs principes immédiats des végétaux en ne leur faisant subir que de légères modifications. » (Boussingault.)

Ces éléments albuminoïdes des fourrages étant la source exclusive des matières protéiques du corps des animaux sont donc d'une grande valeur pour la puissance nutritive des aliments ; et « ils méritent d'autant plus l'attention, qu'ils se trouvent proportionnellement en petite quantité dans la plupart des plantes, et que le besoin des animaux en est très-considérable. » (J. Kühn.)

B. — Matières hydrocarbonées.

Les substances protéiques seules, du reste, sont insuffisantes pour entretenir la vie des animaux. L'expérimentation a démontré qu'il fallait en même temps une certaine quantité de substances hydrocarbonées. Celles-ci sont surtout propres, comme nous l'avons déjà dit, à *entretenir* la chaleur animale, par leur transformation dans la vie intime des éléments figurés en eau et en acide carbonique. Celles-là, au contraire, sont plutôt aptes à la production de cette chaleur latente qui, emmagasinée dans les muscles, doit se manifester sous forme de force.

1° HYDRATES DE CARBONE.

a. — Glucosides.

La série de ces corps comprend le sucre, la dextrine, la fécule ou amidon, l'inuline et le glucose. L'ébulition, pendant un temps plus ou moins long avec de l'eau acidulée, les transforme en glucose : de là leur nom. Leur composition en carbone et en eau est consignée dans le tableau suivant :

	Formule chimique.	Équivalent.	Dans un équivalent		Pour 100 grammes	
			Eau.	Carbone.	Eau.	Carbone.
Sucre	$C^{12} H^{11} O^{11}$	171	99	72	57.9	42.1
Dextrine, amidon, inuline	$C^{12} H^{10} O^{10}$	162	90	72	55.6	44.4
Glucose.........	$C^{12} H^{12} O^{12}$	180	108	72	60	40

On voit que ces corps ne diffèrent entre eux que par la plus ou moins grande quantité d'eau qui entre dans leur composition.

Le glucose se rencontre dans les tiges, les racines et les feuilles des plantes. On croit qu'il se forme directement de carbone et d'eau, dans le parenchyme des feuilles, à l'aide du carbone que ces parties appendiculaires absorbent à l'état d'acide carbonique, sous l'influence des rayons lumineux. Il est soluble dans l'eau, sa saveur est sucrée et un peu farineuse. Il a la même composition que le sucre de lait qui est cristallin. On le rencontre surtout abondamment dans le jeune âge des végétaux. Les jeunes pousses de maïs en renferment de fortes quantités. A mesure que le végétal avance en âge, se développe, le glucose disparaît en se transformant en sucre, amidon, dextrine, cellulose.

$$(2(C^{12}H^{12}O^{12}) = 2(C^{12}H^{11}O^{11}) + 2(HO);$$
$$2(C^{12}H^{12}O^{12} = 2(C^{12}H^{10}O^{10}) + 4(HO)).$$

Le sucre renferme un équivalent d'eau de moins que le glucose. Il cristallise facilement. C'est un corps blanc, d'une saveur agréable, sucrée en un mot. On le trouve abondamment dans la canne à sucre, la betterave, le topinambour, etc. Le mode de culture, la variété cultivée, influent beaucoup sur la quantité de sucre de la betterave.

Les matières sucrées sont d'une digestion très-facile; leur présence dans les aliments rend ceux-ci savoureux et appétissants. Le bétail en est avide; ils conviennent particulièrement à la production du lait.

La fécule, l'inuline, la dextrine ont la même composition chimique. Elles ne diffèrent que par la manière dont sont groupées leurs molécules et leurs propriétés.

La fécule ou amidon est insoluble dans l'eau, et n'a pas de forme cristalline. Dans l'eau chaude, les grains de fécule se gonflent, éclatent et donnent naissance à l'empois. Une des propriétés caractéristiques de ce corps est de bleuir sous l'influence de la teinture d'iode. La salive a la propriété de le transformer en glucose et ainsi de le rendre soluble. L'amidon se transforme en dextrine sous l'influence prolongée d'une température de 160° C*.

L'inuline diffère de l'amidon par sa forme cristalline et surtout par la propriété d'être complétement soluble dans l'eau à 60° C*. Elle n'est pas influencée par la teinture d'iode. On la rencontre dans nombre de racines et en grande quantité, surtout dans les tubercules du topinambour.

Blanche et soluble dans l'eau qu'elle rend mucilagineuse, la dextrine est un corps intermédiaire entre le glucose et l'amidon. La dextrine remplace avantageusement la gomme arabique.

b. — Ligneux.

La cellulose a la même composition que la fécule. A l'état jeune, elle a les mêmes propriétés et la même valeur alimentaire ; l'ébullition avec les acides étendus la transforme en glucose comme les corps précédents.

Mais, en vieillissant, elle subit une transformation de plus en plus complète, elle s'incruste, elle s'encortique, et finit par résister aux acides et aux bases les plus énergiques. Dans son premier état, elle se confond entièrement avec les glucosides ; dans le dernier, elle constitue ce qu'on appelle le ligneux.

On a cru pendant longtemps que le ligneux était complétement indigestible ; il n'en est rien. L'expérience a démontré, en effet, que les ruminants en digèrent une notable proportion.

Les hydrates de carbone ont la propriété de se transformer en graisse sous l'influence de la vie. Les expériences de Persoz, à Strasbourg, sur l'engraissement des oies, de Boussingault, à Béchelbronn, sur l'engraissement des porcs, des oies et des canards ont montré clairement que les animaux ont, comme les végétaux, la faculté de créer des matières grasses. Cette propriété étant commune aux deux règnes, il est probable qu'elle se manifeste par les mêmes moyens. Or, dans les plantes, ce sont les substances amylacées et sucrées qui se transforment en matières grasses, par réduction ; les glucosides, en effet, disparaissent graduellement à mesure que les matières grasses s'accumulent dans le sujet. Dans l'organisme animal les mêmes mutations doivent se présenter. C'est, du reste, à cette conclusion qu'amènent les expériences précitées; puisque la teneur en carbone des substances protéïques administrées est bien inférieure à celle des matières grasses formées. Du reste, les phénomènes de la fermentation alcoolique viennent ici affermir notre manière de voir. Sous l'influence de la vie des cellules de levûre de bière, le glucose se transforme en alcool et acide carbonique, et, dans tous les cas, il y a en même temps production de glycérine (*a*). De plus, quand la fermentation est prolongée en présence de matières azotées, le glucose donne des acides gras (*b*). Eh bien ! toutes les sortes de graisses sont des com-

(*a*) (*b*) La glycérine se produit en même temps que de l'acide

binaisons de glycérine et d'acides gras, comme l'a montré Berthelot (1). La fermentation alcoolique n'est-elle pas un phénomène de même nature que celui qui nous occupe ? La cellule des tissus animaux et la cellule de levûre n'ont-elles pas un mode de vie et d'action analogue ? — Quoi qu'il en soit, si la réaction n'est pas connue, le résultat est indiscutable, et *tout* porte à croire que *ce sont les glucosides qui se transforment en graisse*, et la plus inadmissible des hypothèses est, d'après M. Sanson, celle qui consiste à faire intervenir la décomposition de la protéine dans la formation des graisses (2).

2° MATIÈRES GRASSES.

Les matières grasses sont insolubles dans l'eau, mais, comme on le sait, solubles dans l'éther et le sulfure de carbone. On les rencontre en plus ou moins grande quantité dans toutes les plantes, mais abondamment surtout dans les graines oléagineuses et les résidus qui en proviennent. Elles comptent parmi les éléments nutritifs les plus actifs ; avec les matières protéiques, elles prennent une part importante à la formation et à la nutrition des tissus. Au point de vue du travail de la digestion, elles ont une influence très-

succinique. La transformation du glucose en acide butyrique pourraît être déterminée par la chaux, d'après M. Maumené.

(1) Formule des corps gras : Oléïne $\underbrace{C^6 H^5 O^3}_{\text{glycérine}}, 3 \underbrace{C^{36} H^{30} O^3}_{\text{acide oléique}}$; Margarine : $C^6 H^5 O^3, 3 \underbrace{C^{34} H^{33} O^3}_{\text{ac. margariq.}}$; Stéarine : $C^6 H^5 O^3, 3 \underbrace{C^{36} H^{35} O^3}_{\text{ac. stéarique}}$.

(2) *Traité de zootechnie*, p. 303.

sensible sur la transformation de la protéine en substance diffusible.

Ces matières importantes renferment de l'hydrogène en excès. Elles ont, par conséquent, un pouvoir calorifique bien plus grand que les hydrates de carbone à poids égal. D'après Boussingault, leur composition moyenne est la suivante :

Carbone....	79	
Hydrogène..	11	= 100.
Oxygène....	10	

Elles contiennent donc 9,75 d'hydrogène libre. Par conséquent leur combustion dégage autant de chaleur qu'un même poids de carbone pur.

C. — Matières minérales.

Toutes les plantes, comme on l'a vu plus haut, renferment des matières minérales, et l'on sait que celles-ci sont indispensables à la formation de l'organisme vivant. Les substances inorganiques que l'on rencontre le plus abondamment dans les végétaux sont précisément celles que l'on trouve dans le sang. Ce sont en effet : la chaux, la magnésie, la potasse, la soude et l'oxyde de fer ; l'acide phosphorique, l'acide sulfurique et le chlore. Tous ces corps, nous le savons, sont indispensables, et la privation de l'un d'eux peut entraîner la mort ; mais tous ne sont pas nécessaires en même quantité : c'est l'acide phosphorique et la chaux qui ont le plus d'importance sous ce rapport, parce qu'ils forment la base du système osseux.

Or, nous avons dit précédemment que, dans le corps animal, les matières protéiques sont toujours associées à une certaine quantité de phosphore; il en est de même dans les plantes, puisque plus un végétal est riche en matière azotée, et plus aussi il contient d'acide phosphorique dans ses cendres.

Le tableau suivant, dressé d'après les analyses les plus connues des fourrages, est destiné à mettre cette vérité en évidence.

DÉSIGNATION des aliments.	100 PARTIES à l'état normal contiennent		AUTEURS ou provenance des analyses.
	Protéine.	Acide phosphorique.	
Tourteau de coton....	23,5	2,86	Tables de Th. V. Gohren.
— chènevis.	29,6	1,35	
— colza....	28,3	1,92	
— cameline.	28,5	1,80	
Pois...............	23,9	0,90	Boussingault.
Haricots.............	26,9	0,94	
Fèves...............	19,4	1,03	
Froment.............	12,3	0,96	
Maïs................	12,5	0,55	
Avoine..............	11,9	0,43	
Foin de trèfle rouge...	10,6	0,46	
Foin de pré..........	8,1	0,34	
—	8,5 *	0,33 **	* Table de Gohren.
Sainfoin.............	13,3 *	0,49 **	** Lehmann.
Luzerne............	14,4	0,55	Table de Gohren.
Betteraves..........	1,6	0,045	Boussingault.
Pommes de terres.....	2,8	0,109	
Navets..............	1,2	0,035	

La plupart des bases minérales sont combinées avec des acides végétaux.

En général, les foins et les pailles des légumineuses sont riches en chaux, les betteraves et les pommes de terre riches en alcalis. Le sel marin se rencontre aussi dans les plantes. Les betteraves, les choux et les jeunes plantes vertes en renferment d'assez grandes quantités. Les grains n'en contiennent que très-peu.

a. — Eau des fourrages.

Tous les fourrages renferment une certaine quantité d'eau. Celle que les animaux reçoivent de cette manière agit d'une façon plus avantageuse que l'eau qu'ils boivent directement. Les fourrages aqueux, comme les betteraves, le maïs et les herbes vertes, sont très-avantageux pour la production du lait. Mais l'eau donnée en trop grande quantité est évidemment préjudiciable. Elle appauvrit le sang et occasionne des sécrétions aqueuses dans les tissus, et surtout dans le tissu conjonctif.

La quantité d'eau que contient un aliment n'est pas sans influence sur sa valeur nutritive. Plus un fourrage est aqueux, moins il contient de principes immédiats alimentaires. Cette considération ne doit pas être oubliée lorsqu'on achète des fourrages quelconques. En général, les herbes des prés irrigués sont plus riches en eau que celles des prés secs; les herbes venues à l'ombre, plus aqueuses que celles venues au soleil.

D. — Tableau de la composition des aliments.

Nous nous bornerons à considérer leur teneur en protéine, matière grasse, glucosides, cendres, acide phosphorique et chaux, et en ligneux.

Les sources où nous avons puisé, pour dresser ce tableau, sont allemandes, et sont principalement les tables V. Gohren, J. Kühn et Em. Wolff.

Nous ne donnerons pas seulement les moyennes des résultats obtenus par les chimistes qui ont fait des recherches en ce sens, mais nous indiquerons en outre les proportions extrêmes de chaque principe.

TABLEAU

DE LA COMPOSITION DES ALIMENTS.

DÉSIGNATION DES ALIMENTS.	LIGNEUX.			PROTÉINE.			MATIÈRES GRASSES.			GLUCOSIDES.			MATIÈRES INORGANIQUES.		
	Maxima.	Minima.	Moyennes.	Maxima.	Minima.	Moyennes.	Maxima.	Minima.	Moyennes.	Maxima.	Minima.	Moyennes.	Cendres.	Acide phosphorique.	Chaux.
Fourrages verts.															
Maïs géant Caragua	»	»	4,98	»	»	1,22	»	»	0,25	»	»	10,99	»	»	»
Maïs (en général)	5,9	3,0	4,7	2,0	0,9	1,3	0,8	0,4	0,6	13,3	6,4	10,3	1,1	0,10	0,14
Moha de Hongrie en fleurs	11,6	4,6	9,2	5,9	4,0	3,4	»	»	1,5	»	»	13,5	2,4	»	»
Luzerne	13,4	3,3	9,3	7,2	2,8	4,5	0,9	0,5	0,7	14,4	6,0	8,4	1,8	0,14	0,70
Sainfoin	10,8	8,2	8,5	4,3	3,2	3,3	0,9	0,6	0,7	10,8	8,2	8,5	1,3	»	»
Trèfle rouge	11,0	3,7	6,5	6,2	2,2	3,7	0,9	0,7	0,8	15,1	4,2	8,3	1,8	0,12	0,34
Trèfle blanc	6,0	5,2	5,6	4,5	3,3	4,0	0,9	0,8	0,85	9,8	7,2	8,0	2,0	0,15	0,55
Trèfle incarnat	7,5	3,8	6,2	3,0	2,7	2,8	0,9	0,8	0,7	7,4	6,1	6,7	1,6	0,12	0,57
Féverolles (commencement de la floraison)	»	»	3,5	»	»	2,8	»	»	0,3	»	»	5,1	1,0	»	»
Vesces	8,3	3,9	6,0	4,7	2,7	3,7	»	»	0,8	12,7	4,5	6,1	1,6	0,12	0,48
Pois	7,7	3,0	5,1	3,9	3,2	3,5	»	»	0,6	10,5	4,6	7,6	1,4	0,11	0,35
Lupin	4,9	1,1	2,8	3,4	2,4	2,8	0,4	0,2	0,3	7,3	4,0	5,2	1,0	»	»
Spergule	8,6	3,8	5,6	4,3	0,9	2,9	0,8	0,5	0,7	10,8	4,3	8,8	2,3	»	»
Sarrazin	4,4	4,2	4,3	3,2	1,5	2,4	0,8	0,5	0,6	7,4	5,1	6,3	1,4	»	»
Colza	15,0	13,0	14,0	3,1	2,7	2,9	»	»	0,6	3,9	3,5	3,7	1,7	0,13	0,10
Chou cavalier	»	»	32,5	4,7	0,9	2,5	1,0	0,4	0,7	12,9	1,5	7,1	1,6	»	»
Avoine	7,0	4,6	6,5	3,1	1,8	2,4	0,6	0,5	0,55	8,8	5,1	7,0	1,7	0,11	0,09
Seigle	8,6	7,3	7,9	3,6	3,1	3,3	0,9	0,6	0,75	11,0	6,7	10,4	1,6	0,13	0,06
Feuilles de betteraves	2,4	0,9	1,5	2,8	1,4	2,0	0,5	0,3	0,4	5,9	2,1	4,1	1,5	0,09	0,11
— de carottes	3,4	3,0	3,2	3,8	3,2	3,5	1,0	0,8	0,8	12,9	7,0	9,2	2,6	0,19	0,18
— et tiges de topinambours	»	»	22,1	»	»	7,6	»	»	1,9	»	»	35,7	11,9	»	»
Moutarde blanche	»	»	3,8	»	»	3,3	»	»	»	»	»	3,5	2,0	»	»
Serradelle	8,1	5,0	6,6	3,6	2,6	3,1	»	»	0,4	7,0	5,1	6,5	1,3	»	»
Sorgho sucré	8,5	5,4	6,8	3,1	1,7	2,5	1,5	1,4	1,5	12,2	10,4	12,2	1,6	»	»
Herbes douces diverses en fleurs	16,3	7,0	12,1	4,0	1,9	2,6	1,1	0,3	0,7	15,4	8,4	11,7	2,1	»	»
Herbe des prairies	17,0	3,12	10,0	6,0	1,6	3,1	1,5	0,3	0,8	22,8	3,5	12,1	2,0	0,18	0,31
Ray-grass d'Italie	9,4	4,8	7,1	4,6	2,6	3,6	»	»	1,0	12,0	11,3	12,1	2,8	»	»
Chardons des champs jeunes	»	»	1,4	»	»	2,9	»	»	0,9	»	»	6,1	2,0	»	»
Ajonc épineux	»	»	20,0	»	»	4,5	»	»	0,2	»	»	9,0	4,9	»	»
Fourrages verts fermentés en silos.															
Maïs géant avec 1/4 paille de blé	»	»	8,7	»	»	3,74	»	»	1,57	»	»	16,68	»	»	»
— avec 1/5 paille	4,91	4,82	4,87	1,09	1,24	1,46	0,77	0,36	0,55	8,47	7,22	7,84	»	»	»
Paille avec 1/20 fourrage vert	»	»	34,54	»	»	4,19	»	»	1,6	»	»	45,9	»	»	»
Foins.															
Foin de pré	39,0	21,9	26,8	18,5	5,8	8,4	5,6	1,4	2,9	50,7	22,6	41,0	6,7	0,53	0,34
Regain de pré	30,7	19,0	23,5	18,4	8,4	9,5	6,8	2,3	3,1	59,7	33,3	42,3	6,8	0,63	0,93
Foin de trèfle	37,2	20,2	33,1	15,8	7,2	11,0	5,5	1,2	3,2	39,7	22,3	27,4	6,2	0,45	1,05
— de luzerne	40,0	19,3	31,7	19,7	13,1	14,4	3,8	2,3	2,8	34,8	20,0	27,7	6,4	0,48	1,34

DÉSIGNATION DES ALIMENTS.	LIGNEUX.			PROTÉINE.			MATIÈRES GRASSES.			GLUCOSIDES.			MATIÈRES INORGANIQUES.		
	Maxima.	Minima.	Moyennes.	Maxima.	Minima.	Moyennes.	Maxima.	Minima.	Moyennes.	Maxima.	Minima.	Moyennes.	Cendres.	Acide phosphorique.	Chaux.
Foin de spergule	35,1	20,2	27,8	12,0	7,8	10,4	3,2	2,1	2,8	44,9	20,0	36,6	7,8	»	»
— de lupuline en fleur	»	»	26,2	»	»	15,6	»	»	3,3	»	»	33,2	8,0	0,48	1,00
— de lupin jaune	48,3	25,9	35,5	18,7	6,0	11,8	»	»	4,9	31,2	28,1	28,5	6,3	»	»
— de graminées douces	38,6	16,9	28,7	14,8	5,2	9,5	3,2	1,8	2,6	48,6	32,0	39,1	6,0	»	»
— de ray-grass anglais	»	»	30,0	»	»	10,2	»	»	2,7	»	»	36,2	6,5	»	»
Sainfoin	»	»	27,1	17,1	12,8	13,3	»	»	2,3	34,7	34,2	34,5	6,2	0,80	1,04
Pailles.															
Paille de blé	52,6	28,9	49,2	5,6	1,4	2,0	2,0	0,6	1,3	42,6	25,7	28,7	5,5	0,30	0,18
— de seigle	54,9	30,4	30,7	4,1	1,5	2,0	1,5	1,3	1,4	53,4	25,6	27,5	3,2	0,12	0,11
— d'orge	54,0	34,4	45,6	5,4	1,9	3,0	1,5	1,1	1,4	53,4	18,2	31,3	4,4	0,25	0,31
— d'avoine	50,2	30,0	41,2	6,1	1,3	2,5	5,1	1,0	2,0	48,9	24,9	35,6	5,0	0,28	0,40
— de maïs	»	»	40,0	»	»	3,0	»	»	1,1	»	»	37,9	4,0	»	»
— de pois	54,8	33,6	39,2	10,1	4,8	7,3	3,2	1,5	2,0	30,8	22,8	32,5	6,0	0,48	0,84
— de vesces	53,1	30,8	44,0	7,5	6,2	7,0	»	»	2,0	37,9	18,3	28,7	6,0	0,33	1,12
— de féverolles	41,7	25,8	35,6	10,4	3,3	9,2	2,4	0,7	1,5	33,8	19,6	29,7	5,0	0,35	1,23
— de trèfle (en graine)	»	»	48,0	»	»	9,0	»	»	2,0	»	»	21,0	6,0	0,51	1,38
— de colza	40,9	37,5	40,0	4,6	2,5	3,0	3,7	1,0	1,5	46,0	31,3	33,2	5,3	»	»
— de sarrazin (eau 16,0)	»	»	»	»	»	»	»	»	»	»	»	»	5,1	0,01	0,01
Balles et siliques.															
Orge	»	»	30,0	»	»	3,0	»	»	1,3	»	»	37,2	12,0	»	»
Seigle	46,6	41,5	43,5	3,7	3,5	3,6	1,8	1,2	1,4	31,5	28,0	29,7	7,5	»	»
Blé	13,97	20,3	35,7	7,4	3,3	4,3	1,8	1,4	1,5	33,9	31,2	32,0	12,0	0,3	0,43
Avoine	»	»	34,0	»	»	4,0	»	»	1,5	»	»	28,2	18,0	0,28	0,39
Pois	39,5	32,7	38,8	»	»	8,1	2,0	1,0	1,5	34,6	30,0	33,3	6,0	0,48	0,84
Vesces	»	»	30,8	15,7	7,2	8,5	2,0	1,1	1,5	42,3	20,5	31,0	8,0	0,56	1,34
Féverolles	37,0	30,1	30,4	10,7	10,0	10,4	2,0	1,0	1,3	29,5	27,5	28,5	8,0	0,40	1,13
Lupins	»	»	33,0	3,0	2,7	2,9	»	»	2,3	44,7	41,0	42,8	2,8	0,22	0,5
Colza	33,6	33,0	33,4	3,4	3,0	4,0	3,1	1,5	1,4	48,7	31,9	40,6	5,0	0,20	0,90
Racines et tubercules.															
Pomme de terre	2,7	0,31	1,1	1,4	1,0	2,0	0,8	0,05	0,3	23,1	10,1	20,7	0,9	0,15	0,017
Betterave fourragère	4,5	0,7	1,0	2,6	0,6	1,1	0,6	0,04	0,1	18,4	3,0	9,0	0,9	0,09	0,017
— globe-jaune	1,5	0,3	1,0	4,6	2,8	3,6	0,4	0,2	0,3	30,4	24,7	27,6	1,5	»	»
— blanche	1,0	0,3	0,7	1,8	0,8	1,0	0,2	0,1	0,2	10,9	3,7	5,8	0,6	»	»
— à sucre	3,4	1,0	1,3	2,8	0,6	1,0	0,3	»	0,1	17,9	10,1	15,3	0,8	0,08	0,017
Carotte	3,4	0,7	1,9	2,4	0,5	1,3	0,8	0,2	0,3	15,5	5,9	9,6	1,0	0,08	0,04
— géante	»	»	1,2	»	»	1,2	»	»	0,2	»	»	9,6	0,8	0,08	0,05
Navet	1,0	0,3	0,7	1,8	0,8	1,0	0,2	0,1	0,15	10,9	3,7	5,8	0,8	0,08	0,04
Panais	»	»	1,0	»	»	1,6	»	»	0,2	»	»	8,2	0,7	0,07	0,03
Topinambour	2,7	0,3	1,3	2,2	1,8	2,0	»	»	0,3	15,9	14,0	14,9	1,0	0,14	0,02

DÉSIGNATION DES ALIMENTS.	LIGNEUX.			PROTÉINE.			MATIÈRES GRASSES.			GLUCOSIDES.			MATIÈRES INORGANIQUES.		
	Maxima.	Minima.	Moyennes.	Maxima.	Minima.	Moyennes.	Maxima.	Minima.	Moyennes.	Maxima.	Minima.	Moyennes.	Chaux.	Acide phosphorique.	Cendres.
Semences.															
Blé	8,3	0,7	3,0	24,1	8,7	13,2	2,7	1,0	1,6	74,5	60,2	66,2	2,0	0,92	0,039
Seigle	10,1	1,8	3,7	22,9	8,8	11,0	2,8	0,9	2,0	69,0	50,4	67,2	2,0	0,92	0,045
Avoine	«	4,1	9,0	21,4	6,3	12,0	7,3	3,0	6,0	71,8	50,2	56,6	3,0	0,96	0,067
Orge	11,1	2,5	7,1	27,1	2,6	10,0	2,6	1,4	2,3	76,3	55,8	64,1	2,6	0,94	0,045
Féverolles	14,8	11,5	11,7	27,1	22,8	25,1	2,0	1,2	1,6	45,3	43,5	44,5	3,5	1,20	0,1
Pois	9,2	3,6	6,4	21,2	20,1	22,4	5,3	0,8	3,0	59,6	45,7	52,6	2,5	0,85	0,07
Vesces	6,7	3,5	5,6	28,6	20,5	27,5	2,7	1,2	1,9	51,8	46,5	49,1	2,3	0,87	0,067
Maïs	20,4	3,9	7,6	12,6	8,7	10,6	9,2	3,5	6,8	71,6	52,4	61,0	2,1	0,95	0,047
Millet	»	»	6,4	»	»	14,5	»	»	3,0	»	»	61,8	3,0	0,65	0,017
Riz décortiqué	»	»	0,9	»	»	7,5	»	»	0,5	»	»	76,0	0,4	»	»
Sarrazin	10,2	15,0	17,0	13,1	2,6	7,8	2,7	0,4	1,5	62,6	52,1	58,0	2,4	1,0	0,089
Lin	18,0	3,2	8,0	24,4	20,0	21,7	39,0	31,0	37,0	19,0	9,0	17,5	5,0	1,9	0,224
Colza et navette	15,2	3,5	10,0	37,4	17,4	19,4	55,0	36,8	45,0	12,4	7,4	9,9	3,9	1,8	0,325
Cameline	11,5	9,6	10,7	28,3	25,5	25,9	30,0	28,2	29,4	19,8	12,2	13,3	9,2	»	»
Lupin jaune	17,5	12,2	13,8	39,2	28,3	35,4	7,9	4,0	5,3	36,4	20,2	29,2	3,5	1,25	0,4
Lentilles	»	»	6,0	»	»	23,8	»	»	2,6	»	»	49,4	3,8	0,94	0,07
Spergule	»	«	5,7	»	»	18,0	«	»	11,5	»	»	53,7	2,56	0,075	0,042
Serradelle	20,37	16,11	21,0	25,4	18,4	22,3	7,8	5,0	6,0	40,3	31,1	37,2	3,5	«	»
Menus grains	»	»	1,5	»	»	15,5	»	»	1,6	»	«	36,8	2,1	»	«
Produits et résidus d'industrie.															
Tourteaux de colza	28,7	7,7	15,8	31,8	20,8	28,3	18,8	4,4	9,5	40,9	17,7	24,3	7,4	2,5	0,53
— de cameline	13,6	12,3	13,0	28,5	22,2	25,7	8,5	6,5	7,5	31,2	28,6	29,9	6,9	1,8	0,42
— de noix	»	»	6,4	»	»	34,6	»	»	12,5	«	»	27,8	»	»	»
— de chènevis	24,6	16,9	19,6	34,4	27,0	29,6	10,2	8,2	7,5	30,3	12,2	22,3	8,0	1,35	0,9
— de faîne	»	»	29,5	25,0	23,4	23,7	7,5	0,4	6,1	»	»	24,8	5,2	1,1	0,83
— de coton	27,0	17,0	21,1	28,3	18,2	23,5	9,8	5,1	6,6	30,7	26,5	32,0	6,8	2,86	»
— de coton décortiqué	11,4	6,7	9,0	43,8	34,3	40,9	19,7	10,9	16,4	27,4	10,5	15,8	7,9	»	»
Farine de blé	»	»	»	13,8	10,9	12,0	1,2	1,0	1,1	73,4	70,2	72,3	0,5	»	»
— de seigle	»	»	»	13,2	10,5	11,7	2,5	1,6	2,0	74,6	67,0	69,3	1,6	»	»
— d'orge	»	»	»	14,3	12,5	13,0	»	»	2,2	»	»	67,0	2,0	»	»
— d'avoine	»	»	»	19,5	16,1	17,7	6,3	5,7	6,0	64,8	63,1	63,9	»	»	»
— de maïs	»	»	»	»	»	15,2	»	»	3,8	»	»	70,3	0,9	»	»
Gruau de sarrazin	»	»	»	»	»	2,6	»	»	1,1	»	»	82,2	0,6	»	»
Son de froment	34,6	4,1	18,3	27,0	10,1	14,9	5,5	2,5	3,8	61,5	28,5	45,0	5,5	2,3	0,06
Drêches	9,5	2,8	0,2	6,3	3,2	4,8	2,5	1,1	1,6	14,8	6,7	9,5	1,2	»	»
Pulpe de pomme de terre	»	»	1,3	»	»	0,8	»	»	0,1	»	»	15,0	»	»	»
— de betterave	»	»	1,2	»	»	0,9	»	»	0,1	»	»	6,2	»	»	»
— de betterave pressée	8,6	4,1	6,3	3,0	1,0	1,9	0,25	0,1	0,3	19,5	10,9	18,3	3,4	»	»
— de pomme de terre pressée	»	»	5,1	»	»	2,3	»	»	0,3	»	»	36,4	2,4	»	»
Son de gruau de froment	»	»	9,3	»	»	20,0	»	»	4,5	»	»	50,8	4,1	»	»

On voit, d'après ce qui précède, combien les proportions des divers principes nutritifs varient d'une plante à l'autre, d'une partie à une autre partie d'une même plante. Les maxima et les minima indiqués font aussi voir combien est variable la composition d'un même végétal, et combien est grande l'amplitude des oscillations qu'ont mises au jour les analyses des fourrages.

Or, en général, l'agriculteur n'a pas la possibilité d'analyser ou de faire analyser ses fourrages. Aussi est-il obligé de recourir, pour la détermination des rations de son bétail, aux analyses connues des fourrages. Mais dans tous les cas, il ne doit les regarder que comme des points de repère essentiellement variables. Les maxima et les minima ont l'avantage d'attirer sans cesse l'attention sur ce fait, et leur considération fait voir combien sont incertains les résultats des rations dont le calcul n'est fondé que sur les moyennes probables.

E. — Causes de variations.

Quelques considérations sur les causes les plus importantes qui font varier la composition des fourrages seront d'une grande utilité pour guider le praticien dans l'emploi des tables où sont consignées les analyses. C'est d'après ces indications générales qu'il saura s'il doit se rapprocher, pour le nombre à adopter, soit du maximum, soit du minimum.

Eh bien ! les causes les plus importantes de variation sont l'âge et le degré de développement, la prédominance de certaines parties, la variété cultivée, la nature du sol, la dose des fumures, les circonstances météorologiques, et enfin les conditions bonnes ou mauvaises de la récolte et de la conservation. Nous allons successivement les examiner en appuyant davantage sur les causes des variations les plus grandes et les moins connues.

1° Influence de l'âge ou du degré de développement.

A mesure qu'une plante croît, se développe, il s'opère en son sein de continuels changements, tant au point de vue de la solubilité de ses principes constituants, qu'à celui de leur qualité relative. La composition d'un végétal en vie n'est pas la même deux jours de suite. Dans les jeunes plantes et les jeunes organes, où les cellules se multiplient avec activité, les éléments protéiques sont plus abondants, et ils sont plus solubles que dans les mêmes plantes, les mêmes organes, arrivés à un état de végétation plus avancé. Avec l'âge, la quantité de matière protéique croît bien moins rapidement que la quantité d'hydrates de carbone, et, en même temps, une partie de ceux-ci devient insoluble en se transformant en lignine. Des analyses de trèfle et de luzerne, faites à différentes époques de végétation, mettent cette loi en parfaite évidence.

DATES de la coupe.	100 PARTIES DE FOIN CONTIENNENT				
	Eau.	Protéine.	Glucosides et Graisses.	Ligneux.	Cendres.
		TRÈFLE ROUGE (1).			
Très-jeune	16,7	21,9	26,9	24,7	9,8
13 juin	16,7	13,8	29,5	32,8	7,2
23 —	16.7	11,2	33,4	32,9	5,8
20 juillet	16,7	9,5	26,5	41,7	5,6
		LUZERNE (2).			
24 avril	16,7	28,7	27,7	18,3	8,6
22 mai	16,7	21,9	29,1	22,6	9,7
3 juillet	16,7	14,8	20,9	40,4	7,2

(1) Analyses d'Em. Wolff.
(2) Analyses de Ritthausen.

D'où la conclusion que le ligneux ne fait qu'augmenter pendant que la protéine diminue proportionnellement, et que si les glucosides s'accroissent jusqu'à une certaine époque, à partir de là ils décroissent rapidement. Partant, nous dirons avec Stœckhardt que c'est une grande faute de commencer la fenaison trop tard quand l'herbe est déjà trop mûre. Les herbes jeunes et tendres sont fortement nourrissantes, vu leur richesse en protéine et la solubilité de leurs principes. Elles sont aussi nourrissantes que les grains, plus même, tandis que les herbes vieilles ne valent pas davantage que la paille.

2° Influence que peut exercer la prédominance de certaines parties.

Lorsque la plante approche de sa fin naturelle, qui est la production des semences, qui doivent la perpétuer dans le temps et la répandre dans l'espace, il se produit au autre phénomène. Les principes d'importance dominante dans son organisation sont graduellement transportés des parties où la nature les avait emmagasinés pour aller servir à la formation de la graine. La protéine et l'acide phosphorique quittent peu à peu les racines, les tiges, les feuilles, pour monter vers les ovaires, et servir à l'accroissement des ovules qu'ils contiennent. De là vient que toutes ces parties s'appauvrissent de plus en plus ; que les feuilles sont moins riches que les graines, les tiges moins que les feuilles, etc. Les sommités des tiges sont à la fois plus riches et moins dures que les bases. La prédominance de l'une ou l'autre de ces parties a donc une grande influence sur la valeur nutritive d'un fourrage.

Cela explique pourquoi les moutons auxquels on donne de la paille à fourrager ne consomment que les feuilles et les sommets des tiges, tandis qu'ils laissent les bases intactes. Ce serait donc une pratique recommandable de couper la paille afin de réserver les parties hautes pour la consommation, et d'utiliser le reste comme litière.

3° Influence de la variété cultivée, de la nature du sol, de la dose des fumures.

Les variétés d'une même plante ont souvent une composition bien différente, au point de vue alimentaire. Ainsi personne n'ignore que la betterave à sucre est plus riche en matière saccharine que les autres sortes. Le tableau de la composition des aliments montre combien est considérable l'écart entre les proportions de matières azotées pour les trois variétés de betteraves considérées. Le globe jaune est la variété la plus

riche, et partant la plus recommandable ; car 10 kilogrammes de globe renferment autant de protéine que 36 kilogrammes de betteraves blanches. Plus les betteraves sont grosses, plus elles renferment d'eau ; plus elles poussent en terre et sont petites, plus elles sont saccharifères. La partie qui pousse hors de terre est toujours plus riche en principes albuminoïdes que celle qui se trouve dans le sol : c'est ce qui explique en partie la supériorité des globes jaunes sur les autres variétés. Si nous nous arrêtons aussi longtemps sur la betterave, c'est qu'aujourd'hui elle forme la base de l'alimentation d'hiver, qu'elle est le type des racines fourragères, et que ce sont là des faits à retenir.

La nature du sol agit aussi sur la richesse des plantes qu'il produit. Les sols légers ou élevés donnent plus de quantité et de qualité par les temps humides que les sols argileux et les terrains bas. Le contraire a lieu dans les années sèches.

Les plantes vigoureuses sont toujours plus riches en protéine que les plantes chétives, car l'on sait que la condition essentielle de tout développement rapide est l'abondance de celle-ci. Or, les éléments du sol qui servent à sa formation, étant les nitrates et les sels ammoniacaux, plus la plante aura de ces principes à sa disposition, plus aussi sa végétation sera rapide et forte. La quantité d'acide phosphorique disponible en un temps donné, a aussi une grande influence, puisque la protéine est toujours associée au phosphore. Par conséquent la dose des fumures a une influence considérable sur la valeur nutritive des végétaux. Et dans notre métier tout s'enchaîne : d'abondantes fumures produisent une grande quantité d'excellents fourrages ; ceux-ci permettent d'entretenir un bétail de choix, bon utilisateur des aliments, bétail qui, à son tour, donne d'excellent fumier.

4º Influence des circonstances météorologiques, des conditions de la récolte et de la conservation.

Les saisons favorables donnent la quantité et la qualité des fourrages : la luzerne, le trèfle, les herbes des prairies sont plus riches en principes azotés, le blé en amidon, la betterave en sucre, etc. Mais si, d'un côté, les grains sont plus riches, les tiges le sont moins, d'autre part. Les pailles sont plus dures, et renferment moins d'éléments solubles. Le contraire a lieu par les temps trop froids ou trop chauds, parce qu'alors la végétation arrêtée ou languissante ne permet pas la maturation complète des grains. Les semences sont donc moins riches, et les pailles plus nourrissantes.

Le temps qu'il fait pendant la récolte a aussi une grande influence sur la richesse et la qualité des aliments. Plus le fanage des foins est rapide, mieux cela vaut. Les pailles et surtout les foins et les regains, qui ont longtemps reçu de la pluie, perdent beaucoup de leur valeur. Non-seulement il y a une disparition notable des éléments solubles, mais la couleur et l'arome du foin sont en partie perdus. A tout cela vient s'ajouter par les temps chauds la formation d'un grand nombre de champignons microscopiques, nuisibles à la santé.

Le mode de conservation a aussi une grande influence sur la valeur nutritive des aliments. Le foin mal conservé fermente et moisit. Les betteraves conservées entières en silos perdent avec le temps une proportion assez forte de leurs substances protéiques. A la fin de l'hiver elles sont bien moins riches qu'au commencement. Lorsqu'on a des betteraves pour aller jusqu'au mois de juin, par exemple, le meilleur moyen de les conserver avec toute leur valeur, moyen qui est encore trop peu répandu, c'est de les hacher et de les mélanger avec des balles, des pailles, des foins hachés, et de les entasser dans des fosses que l'on referme hermétiquement avec de la terre. C'est ainsi que l'on conserve actuellement le maïs vert pour la consommation hivernale. Les foins eux-mêmes, normalement conservés, perdent en vieillissant une portion notable de leur azote. Un tassement considérable, s'il ne remédie pas complètement à cette perte, l'atténue du moins.

F. — Eau des boissons.

La quantité d'eau considérable dont l'animal a besoin (1), lui est fournie par l'eau des fourrages d'une part, et de l'autre par l'eau des boissons.

Nous allons étudier cette dernière au point de vue des qualités qu'elle doit posséder pour qu'elle puisse convenir à la boisson du bétail, pour qu'elle soit *potable*, en un mot.

Une eau potable est une eau légère dans l'acception populaire du mot.

Elle présente les caractères scientifiques suivants :

Sa limpidité n'est troublée par aucune matière étrangère organique ou minérale en suspension ; l'ébullition ne la trouble pas ; elle cuit bien les légumes, et dissout le savon sans former de grumeaux insolubles. Elle est de plus bien aérée, et ne laisse par l'évaporation à sec qu'un faible résidu de sels minéraux.

(1) Environ 20 litres par jour en moyenne, d'après Grimaud (des eaux publiques, etc.), par tête de cheval ou bœuf.

Une eau n'est pas potable ou est lourde, quand elle ne présente pas ces caractères, et qu'elle laisse par évaporation un abondant résidu sec.

Le résidu salin d'une eau légère est formé en majeure partie de chlorures alcalins, et surtout de bicarbonate de chaux. Les premiers sont décelés par l'apparition d'un précipité blanc caillebotté, qui devient violet sous l'action de la lumière, quand on verse dans l'eau une solution de nitrate d'argent. La teinture alcoolique de campêche colore graduellement en violet l'eau qui contient du bicarbonate de chaux. Un excès de bicarbonate rend cependant l'eau impropre à la boisson. Cet excès est dénoté par le trouble de l'eau à l'ébullition. Les eaux légères renferment fort peu de plâtre et de chlorures terreux. On reconnaît l'absence du plâtre dans une eau, à ce qu'une solution alcoolique de savon n'y forme pas de grumeaux.

Une eau lourde forme des grumeaux avec la liqueur savonneuse, se trouble par l'ébullition, donne un abondant précipité avec le nitrate d'argent ; elle se colore en violet quand on la fait bouillir avec quelques gouttes de chlorure d'or. Cette dernière réaction spécifie les matières organiques. Une seule de ces réactions démontre une eau non potable.

La présence des matières minérales dans l'eau n'est pas indispensable, cependant l'utilité du bicarbonate calcique et des chlorures alcalins ne nous paraît pas douteuse. En effet, comme on le verra plus loin, il y a toujours dans l'estomac de l'acide lactique. Celui-ci, agissant sur le bicarbonate de chaux, le transforme en lactate de même base ; de sorte qu'absorber du bicarbonate, c'est fournir à l'économie un sel organique, un lactate, qui est dans les meilleures conditions possibles pour être assimilé et procurer la chaux nécessaire à la formation du tissu osseux. Les chlorures alcalins se rencontrent abondamment dans le sang ; de là leur utilité dans l'eau. On les rencontre aussi dans le lait. Quant aux sulfates terreux, leur présence est toujours mauvaise ; n'étant pas transformables en lactates, ils ne sont point assimilables.

Pour terminer, disons quelques mots des moyens que l'on peut employer pour rendre une eau potable :

1° Une eau qui renferme trop de bicarbonates de chaux ou de magnésie est rendue bien meilleure en la faisant passer sur un peu de chaux éteinte. On précipite ainsi une partie des sels nuisibles à l'état de carbonates.

2° Pour corriger une eau qui contient en dissolution trop de sulfate de chaux (plâtre), on y fait dissoudre du carbonate de soude. 300 grammes par hectolitre suffisent pour précipiter la chaux de l'eau la plus chargée de plâtre, à l'état de carbonate insoluble ; et il reste dans la liqueur du sulfate de soude en trop petite quantité pour être nuisible.

3° Enfin, l'eau doublement mauvaise par la présence des matières organiques et des sels terreux est rendue potable par l'emploi du charbon animal (os calcinés en vase clos). « Quatre kilogrammes de cette substance suffisent pour rendre potable une eau de la plus mauvaise qualité : l'effet se manifeste après 48 heures de contact. Le charbon animal, cette matière précieuse à tant de titres, a la propriété d'absorber non-seulement les gaz putrides qui peuvent se trouver dissous dans un liquide, mais encore les matières putrescibles elles-mêmes : en outre elle s'empare des sels terreux, si bien qu'il n'y a point de mauvaise eau qu'elle n'ait la faculté d'améliorer » (Malagutti).

Si une eau contient en suspension des matières minérales ou organiques, on doit la filtrer préalablement, si elle est légère après cette seule opération. Autrement, il suffit de filtrer après le traitement.

Un préjugé très-répandu et presque généralement accepté, est celui qui consiste à écrire que l'eau de source est plus pure que l'eau de puits ou de rivière. Ces désignations d'origine n'indiquent absolument rien au point de vue de la pureté de l'eau; celle-ci ne dépend que des substances rencontrées par le liquide dans sa marche à travers les couches terrestres. Une eau de source peut donner à l'évaporation un résidu considérable si elle a traversé des couches de gypse et de sels magnésiens, et par conséquent être lourde et crue; tandis qu'une eau de puits peut être très-pure.

Enfin la température des eaux de boisson ne doit pas être ni trop élevée, ni trop basse. Elle ne doit en général varier qu'entre 10° et 15° au-dessous de 0° C. Ainsi elle paraît fraîche en été et n'est pas froide en hiver.

Les boissons trop froides, en effet, exercent toujours sur la digestion une action perturbatrice, qui se manifeste en général par de violentes coliques.

Les eaux chaudes, elles aussi, peuvent avoir des inconvénients. Elles sont en effet débilitantes, retardent par suite les digestions, et même les arrêtent. La moindre chose qui puisse en résulter est une atonie générale qui empêche les animaux de pouvoir faire convenablement leur service.

En hiver, l'eau qui provient de sources à la surface du sol, ou qui a séjourné dehors, et l'eau qui provient de la fonte des neiges et de la glace, doivent toujours séjourner suffisamment dans l'étable pour acquérir la température de 10° avant d'être distribuées.

En été les eaux froides des fontaines et des puits profonds doivent être exposées au soleil avant qu'on les utilise.

Quant aux eaux chaudes, il faut évidemment les refroidir en les laissant séjourner dans un endroit frais, et en y ajoutant un peu de sel ou de vinaigre.

L'aération de l'eau est aussi à considérer attentivement. L'absence des gaz en dissolution dans l'eau, rend celle-ci tout à fait indigeste. Une eau légère renferme en général 28 à 30 centimètres cubes de gaz par litre. Rien n'est plus commode que d'aérer une eau. Il suffit pour cela de la faire couler en lame mince d'une certaine hauteur d'un vase dans un autre.

III

Digestion et digestibilité.

Maintenant que nous connaissons les besoins des animaux, et la composition des aliments qui leur conviennent, il nous reste encore, avant d'aborder le calcul des rations, à examiner par quel mécanisme les principes immédiats des végétaux passent dans l'organisme animal, à étudier, en un mot, ce que c'est que la digestion.

Si la plante n'a dans la digestion qu'un rôle à peu près passif, il n'en est pas moins vrai que sa constitution exerce sur les phénomènes de cette importante fonction une influence que nous avons le plus haut intérêt à connaître. La perfection du fonctionnement de l'appareil digestif est évidemment dépendante de la bonté de l'appareil, d'une part, et de la qualité de la matière première, d'autre part. C'est la résultante de ces deux influences que l'on désigne sous le nom de digestibilité.

A. — La digestion.

a. — But de la digestion.

La digestion a pour but de faire passer dans le sang les principes immédiats nutritifs des aliments, ainsi que les matières minérales qui sont nécessaires à l'édification et à l'entretien de la machine vivante. Parmi les substances alimentaires, les unes, solubles ou naturellement diffusibles, passent directement dans le sang, sans subir d'autre modification ; les autres, au contraire, insolubles par essence, ont besoin d'éprouver une série de transformations pour que puisse s'effectuer leur diffusion.

Ce sont ces transformations, appropriées à chaque genre de substances alimentaires que la digestion a pour but d'accomplir.

Les unes, purement mécaniques, et s'opérant, pour la plupart, sous l'influence de la volonté, nous occuperont d'abord ; les autres, chimiques, indépendantes de la volonté, seront pour nous l'objet d'une étude plus attentive.

b. — Phénomènes physiques.

Tous les animaux qui nous intéressent ne prennent pas leurs aliments de la même façon. Lorsque les herbes sont sur pied, par exemple, les équidés (chevaux, ânes, mulets), les saisissent avec leurs lèvres et les coupent avec leurs incisives ; les bovidés (bœuf et vache, buffle) se servent principalement de la langue, enveloppant les plantes et opérant sur elles un mouvement de traction, pendant que les incisives les pressent contre le bourrelet de l'arcade supérieure ; les petits ruminants (moutons et chèvres), aux lèvres très-mobiles, saisissent les plantes avec ces dernières, les appuient avec les incisives contre le bourrelet, et en opèrent la section par un petit mouvement de tête ; enfin les suidés font usage des incisives des deux arcades.

C'est à l'aide des lèvres et de la langue que tous les animaux aspirent les liquides.

Une fois saisis et arrivés dans la bouche, les aliments sont amenés par la langue sous les molaires, où ils sont broyés. Pendant l'opération les mouvements des joues et de la langue les maintiennent sous les deux rangées de dents. Chez les équidés, le mouvement a lieu de haut en bas, et les aliments sont broyés par un mouvement oblique parce que la table de la couronne dentaire est inclinée d'un côté à l'autre. Chez les ruminants, grands et petits, le mouvement a lieu latéralement ; et chez les omnivores, les aliments sont simplement triturés.

Pendant qu'a lieu la mastication, les glandes salivaires déversent leur sécrétion dans la bouche. L'action mécanique de ce liquide est de rendre le glissement du bol alimentaire plus facile, en le lubréfiant. La salive a en outre une action chimique que nous étudierons plus loin.

Les aliments, broyés et imprégnés de salive, se réunissent en masses plus ou moins grosses ou bols alimentaires. Par des mouvements de la langue, ils sont amenés jusque sur sa base, et par l'acte de déglutition, ils passent dans le pharynx ou arrière-bouche. Les mouvements de cet organe conduisent les aliments dans le canal œsophagien, qui les mène jusque dans l'estomac par un mouvement vermiculaire descendant.

Chez les ruminants, la mastication et l'insalivation ne sont pas complètes tout d'abord. Ces animaux saisissent leurs aliments avec avidité, les broient grossièrement, puis les avalent une première fois. Les aliments vont alors dans la panse ou rumen, premier compartiment de l'estomac (1). Leur repas fini, ces animaux se couchent, et se mettent à ruminer : par les contractions de sa membrane, le rumen conduit les aliments jusqu'à l'entrée en forme d'entonnoir de l'œsophage (5) ; celui-ci en saisit une certaine quantité, et

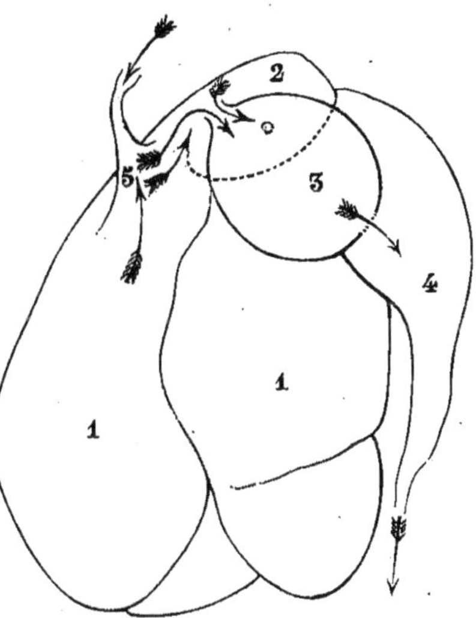

Schéma de l'estomac des ruminants.

par une suite de mouvements vermiculaires ascendants, les ramène dans la bouche. Le moment où les aliments y arrivent est très-facile à saisir, à cause d'un léger bruit semblable à une éructation. Le bol alimentaire, saisi par la langue, est alors porté sous les molaires, broyé complétement et insalivé d'une manière définitive. L'opération terminée, il est de nouveau dégluti, mais au lieu de se rendre dans le premier compartiment de l'estomac, il va dans le troisième ou feuillet (3), pour de là passer dans la caillette (4), où s'opère la digestion proprement dite. Tant qu'il y a des aliments dans le rumen, la même suite de mouvements se renouvelle.

Enfin, c'est dans le deuxième compartiment que se rendent directement les liquides.

c. — Phénomènes chimiques et physiques involontaires.

Les aliments qui sont imprégnés de salive, et arrivés dans l'estomac, subissent sous l'influence de celle-ci une première modification. La diastase salivaire, ou ferment de la salive, analogue à la diastase qui prend naissance dans l'orge germé, transforme les substances amylacées (série des glucosides) d'abord en dextrine puis en glucose. C'est là une réaction très-facile à produire dans le laboratoire ; et voici comment : dans un tube à essais, on introduit d'abord de l'empois d'amidon, puis de la salive ; on colore le mélange en bleu avec une petite quantité de liqueur cupropotassique et l'on chauffe le tout à 40° C. Au bout de quelques instants, la liqueur passe du bleu au rouge vif, signe caractéristique de la présence du glucose.

Les parois de l'estomac sont pourvues de glandes qui sécrètent un suc particulier, le suc gastrique. Il a pour base l'eau et contient de faibles quantités d'acides chlorhydrique et lactique, et un ferment particulier, la pepsine. Celle-ci a pour propriété de rendre diffusibles les matières azotées. L'albumine, la fibrine, la caséine, etc., éprouvent sous son influence une transformation isomérique, qui les rend solubles. On donne au produit de cette opération le nom de peptone ou d'albuminose.

Les acides chlorhydrique et lactique aident à la transformation des glucosides comme adjuvants du fluide salivaire. Ils peuvent aussi, en agissant sur les matières minérales ingérées les rendre susceptibles d'être dialysées. Les recherches de Lehmann montrent que les veaux peuvent assimiler de la poudre d'os très-fine. L'acide chlorhydrique a pour effet de transformer le phosphate des os insoluble en phospate acide soluble. — L'acide lactique peut transformer le carbonate de chaux des boissons en lactate de chaux, c'est-à-dire en un sel organique.

Au bout d'un certain temps, variable suivant un grand nombre de circonstances, la bouillie alimentaire, formée des matières déjà rendues solubles et de celles qui ne le sont pas encore, le chyme en un mot, passe de l'estomac, par l'ouverture appelée pylore, dans l'intestin grêle.

Un peu après la naissance de ce long conduit, par un orifice spécial, le pancréas déverse sa sécrétion. Le suc pancréatique a une composition analogue à celle de la salive. Comme elle, il jouit de la propriété de transformer les matières amylacées en glucose; mais il a en outre la faculté de rendre solubles les substances protéiques, et d'émulsionner les matières grasses. Il est donc un adjuvant de la salive et du suc gastrique.

Vis-à-vis l'orifice du canal pancréatique, se trouve l'ouverture du canal cholédoque, qui déverse la bile dans l'intestin grêle. Produit de la sécrétion du foie, la bile est un liquide verdâtre, qui a pour propriété principale d'émulsionner les matières grasses comme le suc pancréatique.

L'intestin grêle lui-même est muni de follicules qui sécrètent le suc intestinal. Ce liquide jouit à un certain degré de toutes les propriétés des fluides précédents. Il est destiné à parfaire la digestion.

A mesure que les substances alimentaires deviennent solubles, elles passent, par un phénomène de dialyse, de l'intestin grêle dans les vaisseaux chylifères et sanguins, en traversant la membrane intestinale. Ce sont les substances solubles cristallines qui la traversent le plus vite. Les autres substances solubles qui proviennent de colloïdes, la traversent plus lentement. Et parmi les substances cristallines, ce sont celles qui cristallisent le plus aisément, qui traversent le plus rapidement la membrane. Voici du reste une expérience qui démontre clairement ce fait :

On a placé dans un dialyseur une dissolution de 20 grammes de glucose et de 20 grammes de sel marin ; au bout de 95 heures, on a dosé dans l'eau primitivement pure du récipient inférieur, le glucose et le sel marin, et voici les résultats obtenus :

Glucose.	5 gr. 37
Sel marin.	16 gr. 65

Le rapport des deux quantités qui ont traversé la membrane est :

$$\frac{5,37}{16,65} = \frac{1}{3,1}$$

Ainsi le sel marin a passé trois fois plus vite que le glucose.

A mesure que la bouillie alimentaire, entraînée par les mouvements vermiculaires de l'intestin, s'avance dans ce long canal, un phénomène du même genre se produit. Arrivée au gros intestin, elle ne forme plus, pour ainsi dire, qu'une masse de matières insolubles : quoique cependant cet organe ait encore, à un faible degré, il est vrai, la faculté d'absorber les substances dissoutes ; et c'est là ce qui explique l'effet des lavements nutritifs.

Lorsque les matières qui ont échappé à la digestion sont arrivées à la dernière partie du gros intestin, elles se moulent diversement suivant les genres d'animaux. Chez les équidés, les ovidés et les rongeurs domestiques, cette partie extrême du canal digestif présente des étranglements successifs, où les crottins prennent leur forme définitive. Chez les bovidés on ne remarque pas de telles bosselures. Enfin ces matières excrémentitielles s'accumulent dans le rectum, jusqu'à ce que l'animal sente le besoin de les expulser par l'anus, ouverture extrême du long tube digestif.

B. — La digestibilité.

Non ab ingestis, sed a digestis, fit nutritio.
(Ce n'est pas ce que l'on mange, qui nourrit, mais ce que l'on digère.)

Cette maxime de l'école de Salerne est, dans l'alimentation des animaux, d'une importance capitale; et l'agriculteur doit sans cesse l'avoir présente à l'esprit. Il faut bien se garder de croire, en effet, que deux rations sont équivalentes à la seule condition de renfermer la même quantité de principes nutritifs azotés et non azotés; une seconde condition est ici absolument indispensable, c'est l'*égale digestibilité de ces principes.* Mais on peut dire que deux rations sont équivalentes, dans certaines limites, lorsque toutes deux renferment la même somme de principes immédiats albuminoïdes et hydrocarbonés digestibles. C'est pourquoi, dans la composition des rations, il ne faut pas prendre pour seul guide, seul point de repère, la composition chimique des aliments, car il est aussi impossible de régler l'alimentation des animaux par des formules chimiques, qu'en se basant sur l'empirisme seul Il faut, en outre, avoir égard à la digestibilité propre à chaque genre d'individus et à chaque ration; et c'est seulement en s'appuyant simultanément sur ces deux bases scientifiques, que l'on peut arriver à des résultats vraiment satisfaisants. Les nombres qu'indiquent les tableaux de la composition chimique des aliments ont donc besoin de subir certaines corrections, afin de pouvoir être employés dans la pratique ; il est nécessaire de les diminuer d'une certaine quantité représentant la fraction qui échappe à l'action des sucs digestifs. *Mais cette correction ne peut pas se faire d'avance ; c'est une chose complétement illusoire que de placer à côté du chiffre indiquant le principe total dans les tables, un autre chiffre indiquant le principe digestible. La digestibilité d'un aliment est variable suivant ceux avec lesquels il se trouve associé et avec mille causes que nous verrons plus loin.* Aussi allons-nous, dans ce qui va suivre, en traitant des coefficients de digestibilité, donner, autant que les connaissances actuelles le permettent, le moyen d'opérer ces corrections dans tous les cas.

a. — Le coefficient de digestibilité. Causes qui le font varier.

Les principes immédiats des aliments ne sont, pour la plupart, jamais en totalité rendus diffusibles ou solubles pendant leur séjour dans l'appareil digestif. On retrouve toujours dans les excréments solides des animaux plus ou moins de substances protéiques, de matières grasses (principes solubles dans l'éther), et d'hydrates de carbone sur lesquels les sucs variés que nous connaissons n'ont point eu d'action, et la quantité qu'on en retrouve varie avec une foule de circonstances. On a, par un grand nombre d'expériences exécutées en Allemagne surtout, déterminé la quantité relative de matière que chaque groupe de principes immédiats livre à la digestion, suivant les différents genres d'animaux qui les consomment, et suivant aussi les aliments et les rations où ils sont contenus, et l'on a donné le nom de coefficient de digestibilité à la fraction centésimale qui représente cette quantité, dont l'unité est, cela va sans dire, la limite supérieure. C'est par conséquent le nombre par lequel on doit multiplier la quantité du principe consommé pour avoir la quantité du même principe qui a été dialysée par les muqueuses du tube digestif (1).

Ce coefficient de digestibilité est loin d'être une chose absolue, car il varie, avons-nous dit, avec un grand nombre de circonstances. Or, l'on peut classer toutes ces causes de variations sous deux chefs principaux que nous allons étudier séparément, et qui sont, d'une part, l'aptitude digestive des animaux, et, d'autre part, la constitution et la composition des rations ou des aliments.

L'aptitude digestive des animaux qui nous intéressent varie suivant le genre que l'on considère : elle n'est pas la même chez le cheval que chez le bœuf, la chèvre ou le mouton. La race a aussi sa part d'influence sur

(1) Soit Q la quantité totale d'un principe quelconque ingéré, q la quantité du même principe retrouvée dans les excréments; $Q - q$ est la quantité digérée. $\frac{Q - q}{Q} = C$ le coefficient de digestibilité : d'où $Q - q = C \times Q$. C'est la définition la plus précise du coefficient de digestibilité.

cette aptitude : les animaux des races perfectionnées ont une puissance digestive plus grande que les autres. Des différences s'observent également entre les familles d'une même race et entre les individus d'une même famille.

De plus, l'aptitude digestive n'est pas immuable chez le même individu. Elle subit, en effet, avec l'âge, une dépression régulière qui est plus accentuée dans les premières périodes de la vie. Ainsi, de nombreuses expériences ont démontré d'une manière irrécusable que plus un animal est jeune, et plus aussi il digère facilement les matières azotées, par exemple, contenues dans sa ration.

Ces quelques considérations générales montrent suffisamment que les résultats des expériences que nous rapportons ici sont loin de pouvoir être pris aveuglément comme points d'appui. Simples points de repère, essentiellement variables, l'agriculteur qui médite doit les modifier suivant les circonstances également variables où il peut se trouver.

Sans tenir compte des diverses influences secondaires dont nous avons dit un mot, l'expérience a établi que pour les différents genres d'animaux agricoles, les coefficients de digestibilité étaient en moyenne :

	Protéine.	Mat. grasse.	Glucosides.	Ligneux.
	—	—	—	—
Mouton	0.57	0.61	0.72	0.58
Chèvre.........	0.60	0.44	0.64	0.62
Bœuf	0.65	0.64	0.66	0.60
Vache..........	0.57	0.65	0.70	0.61
Cheval.........	0.69	0.59	0.68	0.33

Si l'on rapporte tous ces nombres à celui du mouton, on a, pour la protéine, par exemple :

Mouton.	Chèvre.	Bœuf.	Vache.	Cheval.
—	—	—	—	—
1.00	1.05	1.13	1.00	1.22

Dans le tableau graphique suivant, sont consignés tous les rapports ainsi obtenus.

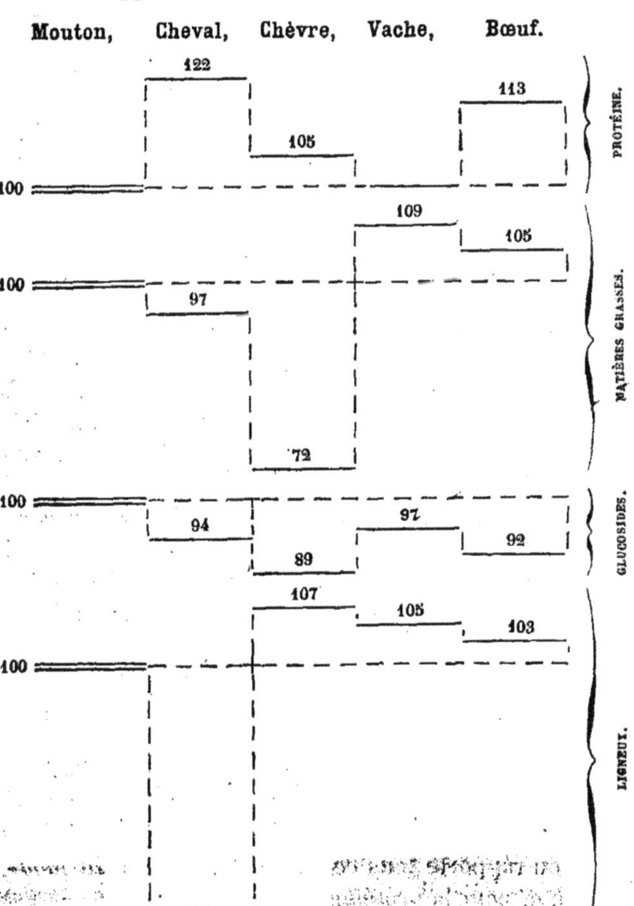

De ces faits on peut tirer d'importantes conclusions : que, d'abord, le mouton et la vache sont les moins bons utilisateurs de la protéine; mais qu'ils ne sont dépassés par aucuns dans la digestion des glucosides : puis que les ruminants en général ont une grande puissance de digestion du ligneux, tandis que les équidés leur sont, sous ce rapport, d'une infériorité frappante. Donc, c'est aux ruminants, animaux polygastriques (à plusieurs estomacs), qu'il faut de préférence faire consommer les fourrages grossiers, riches en fibres ligneuses, tandis qu'aux équidés, monogastriques, conviennent particulièrement les aliments concentrés, c'est-à-dire les aliments qui, sous un faible volume, renferment beaucoup de protéine, de matières grasses, de glucosides.

La seconde cause générale des variations de la digestibilité, c'est, ainsi que nous l'avons dit plus haut, la constitution de l'aliment. Cette influence est incontestable, car les états moléculaires variables qu'affectent les différents principes nutritifs, les rendent plus ou moins facilement attaquables par les sucs digestifs. Cet état moléculaire variant avec chaque plante, il en est de même du coefficient de digestibilité qui y est afférent. Il change aussi avec le degré d'avancement de la végétation ou l'âge de la plante. Ainsi les jeunes pousses des herbes sont presque complétement digestibles, tandis qu'à leur maturité complète leur digestibilité est bien moindre. C'est de quoi les résultats de nombreuses expériences donnent une preuve irréfragable. Pour n'en citer qu'une, disons que du trèfle, *coupé à la fin de la floraison*, a livré 15,4 0/0 de protéine, 12 0/0 de glucosides, 20,7 0/0 de matières grasses, et 21 0/0 de ligneux de moins que le même trèfle *coupé un peu avant la floraison.* Ces chiffres sont trop éloquents pour qu'il soit possible d'y ajouter quelque chose. Il suit de là, ainsi que nous l'avons déjà dit plus haut, que c'est une grande faute de commencer la fenaison trop tard, non-seulement au point de vue de la quantité absolue de principes nutritifs recherchés, mais encore au point de vue de la qualité digestive de ces derniers.

La digestibilité est aussi influencée par la bonne ou mauvaise rentrée des récoltes : du foin, par exemple, qui aura été lessivé par des pluies abondantes, aura perdu certainement la plus grande partie de ses matières immédiatement solubles, et, par suite, naturellement digestibles ; en outre, les tissus des végétaux subissent, dans ces circonstances, un rouissage qui les rend plus durs, et, par suite, moins facilement attaquables par les agents de la digestion ; il y a aussi en pareil cas une perte qui, pour n'être pas bien sensible à la balance, n'en est pas moins considérable au point de vue de la digestibilité : nous voulons parler de l'arome du végétal ; car l'arome, en influençant d'une manière agréable le système nerveux, agit indirectement, il est vrai, mais d'une façon considérable, sur l'abondance des sécrétions du tube digestif ; et c'est de là qu'est venue cette expression si juste et si connue : faire venir l'eau à la bouche. Pendant que nous en sommes à ce sujet, disons, quitte à le redire plus tard, que les soins intelligents, la ponctualité, la douceur de ceux qui servent les animaux, la disposition et la propreté des étables, sont d'importants facteurs du coefficient de digestibilité.

La bonne ou mauvaise conservation des fourrages

a, pour des raisons analogues, une grande influence sur la digestion.

Toutes ces causes de variations se résument autant que possible dans ce que nous appellerons la *relation digestive*. Celle-ci, dont nous avons ici pour la première fois l'occasion de parler, se définit : *le rapport qu'il y a entre la protéine d'une part, et les éléments hydrocarbonés d'autre part*, et nous la représenterons dans tout ce qui va suivre par le symbole $\frac{P}{H}$ ou P : H, qui découle de sa définition. L'expérience suivante, due à Haubner, montre toute l'importance qu'a la considération de ce rapport dans la constitution des rations.

Il nourrissait des moutons avec la ration de :

Pommes de terre cuites..........	1 kilogr.
Paille de blé....................	1 kilogr. 250

par jour et par tête, et toute la matière amylacée de la pomme de terre, était utilisée dans la digestion. Il ajouta ensuite $0^k,5$ de pommes de terre, et l'étude des excréments décela une perte considérable de fécule. Enfin il ne remarqua plus la présence de celle-ci dans ces derniers après une addition de 125 grammes de farine de pois à la ration, c'est-à-dire après une augmentation notable du numérateur de la relation digestive. Mais l'influence de la relation est surtout bien marquée sur la digestibilité des matières protéiques, et c'est là surtout ce qui a pour le cultivateur le plus grand intérêt, car les matières azotées sont toujours les plus rares, celles qui coûtent le plus cher, et dont le besoin est le plus impérieux. Les rapports de la protéine aux matières grasses, des glucosides aux ligneux, ont aussi une bonne part d'influence sur le travail de la digestion mais c'est le premier qui est le plus important. Une chose qui montre bien la réalité de ce qui précède, c'est la possibilité de déterminer *a priori* d'une façon approchée, les coefficients de digestibilité, au moyen de formules déduites d'un grand nombre d'expériences, formules qui sont toutes basées sur la proportion de chaque principe nutritif.

Ce qui précède suffit pour donner une idée générale de l'importance de la relation digestive, et pour faire comprendre au cultivateur le compte qu'il doit en tenir dans la distribution des aliments dont il dispose pour son bétail.

b. — Le coefficient moyen de digestibilité, d'après E. Wolff.

Avant de nous occuper de la digestibilité particulière de chaque groupe de principes immédiats, nous allons dire quelques mots du coefficient moyen de digestibilité.

Sa définition découle de son nom même, et il n'est pas besoin d'insister sur l'importance qu'il y a de le connaître, à défaut des autres, dans toute opération zootechnique. Il est évident que, toutes autres choses égales, un aliment a d'autant plus de valeur que ce coefficient est plus élevé.

Or, d'après un grand nombre d'expériences, Émile Wolff a reconnu qu'il y avait une certaine relation entre la quantité digérée des principes nutritifs des aliments et leur composition immédiate, et qu'en général la proportion du ligneux avait une grande influence dépressive sur la digestibilité des autres principes. Cette relation, il l'a traduite par une formule qui permet de calculer *a priori* le coefficient moyen de digestibilité d'une façon à peu près exacte, et suffisante dans quelques cas pour les besoins de la pratique. Mais il faut bien se persuader que ce n'est là qu'une *indication* de la valeur des aliments, et nous appuyons à dessein sur ce mot parce que, dans un problème aussi complexe que celui de l'alimentation, dans un problème qui comporte un aussi grand nombre de données, dont quelques-unes, et d'assez importantes, échappent à nos moyens d'appréciation, il n'est réellement pas possible d'arriver à la vérité absolue par des formules qui, nécessairement, ne peuvent tenir compte de toutes les influences. Si nous nous étendons si longuement à ce propos, c'est que nous sommes fermement convaincus que, s'il y a une science majestueuse, imposante, la science des savants dans leur cabinet et dans leur laboratoire, il y a une autre science plus difficile encore, et cela parce qu'elle ne s'appuie pas toujours sur des données immuables, chiffrables : c'est la science de l'application de leurs découvertes. Il ne suffit pas de savoir, il faut encore savoir mettre en œuvre ce que l'on sait pour sa fortune personnelle et la fortune publique.

Quoi qu'il en soit, et quelle que soit la valeur scientifique et d'application de cette formule, il n'en est pas moins vrai que l'agriculteur qui connaît vraiment le bétail, qui sait voir et surtout qui sait comprendre, peut en tirer un très-bon parti.

D'après E. Wolff donc, le coefficient de digestibilité moyen serait égal au quotient de la somme des principes nutritifs par la totalité des matières organiques, en regardant comme matières nutritives les substances protéiques, grasses et glucosiques. On voit ainsi que la différence qu'il y a entre le numérateur et le dénominateur, c'est la présence du ligneux dans ce dernier,

Si l'on représente par

P la protéine totale,
h' la graisse et les glucosides,
L le ligneux,

on a pour le coefficient moyen de digestibilité Cm la formule

$$Cm = \frac{P + h'}{P + L + h'}.$$

Or P + L + h' = la somme des matières organiques, ou, en d'autres termes, la différence entre le total des matières sèches et le quantum des cendres. Si donc ms = matière sèche, C = cendres, $P + L + h' = ms - C$ et enfin

$$Cm = \frac{P + h'}{ms - C} \text{ ou} = \frac{P + h'}{\text{mat. org.}}.$$

Si l'on fait l'application de cette formule au foin de pré de composition moyenne, on a

$$Cm = \frac{8,5 + 3,0 + 38,3}{85,7 - 6,6} = 0,62$$

nombre très-près de la vérité, comme on le verra.

TABLEAU DES COEFFICIENTS MOYENS DES FOURRAGES BRUTS.

Foin de pré	0,62
Regain de pré	0,70
Foin de trèfle	0,57
— luzerne	0,56
— sainfoin	0,60

Moyenne = 0,61

En prenant 0,60 comme coefficient des foins on ne s'écarte pas trop de la vérité, comme du reste on le verra plus loin.

Paille de blé	0,39
— seigle	0,37
— orge	0,43
— avoine	0,49
— vesces	0,44
— pois	0,52
— fèverolles	0,47
Moyenne = 0,44	

0,40, en estimant toujours un peu plus bas pour ne pas se fourvoyer.

Balles de blé	0,51
— avoine	0,50
Silique de colza	0,56
Moyenne = 0,53	

ou encore, pour la même raison, 0,50,

Ces trois coefficients généraux

Foin	0,60
Paille	0,40
Balles	0,50

sont trois grands points de repère.

Le foin est très-cher, et l'on veut, par exemple, le remplacer en partie dans la ration par de la paille ; la différence des coefficients 0,6 — 0,4 = 0,2 montre qu'il faut donner 20 0/0 de matières nutritives en plus pour avoir égalité de valeur alimentaire, en laissant de côté la question de volume qui n'est pas sans avoir une *très-grande importance.*

Cet exemple théorique suffit amplement pour montrer toute l'importance qu'a la considération des coefficients de digestibilité dans la composition des rations. Ces coefficients moyens, au point de vue de l'exacte vérité, laissent sans doute beaucoup à désirer, mais en s'en servant seulement comme point de repère, sans les considérer comme absolument invariables, on peut les utiliser avec grand avantage. Nous les donnons pour ce qu'ils valent : *à défaut d'autres.*

c. — De la digestibilité des matières protéiques.

Nous avons dit plus haut que la relation digestive $=\frac{P}{H}$ a une grande influence sur la digestibilité en général et surtout sur celle des substances protéiques. Le temps est venu de préciser cette action sur ces dernières, et d'en donner la mesure.

L'étude de la digestibilité des matières protéiques est le point dominant de l'alimentation du bétail. En effet, si l'on peut dire avec raison que les matières azotées qui échappent à la digestion ne sont pas perdues entièrement pour le cultivateur, puisqu'il les retrouve dans le fumier, il n'en est pas moins évident qu'elles devront subir maintes transformations pour redevenir ce qu'elles étaient, changements qui demandent du temps, et entraînent nécessairement des déchets. Or, *times is money*(1) est un proverbe de la plus exacte vérité. D'autre part, si l'on parvient à utiliser la protéine au plus haut degré, il y a certainement production animale plus forte pour la même quantité brute, c'est là déjà un grand avantage ; mais de plus, le fumier n'est pas moins riche, car le fonctionnement

(1) Le temps, c'est de l'argent.

vital étant plus actif, il y a une élimination d'urée plus considérable. Et l'azote à l'état de sel ammoniacal est directement assimilable par les plantes, tandis que l'azote de la matière organique n'est disponible qu'au bout d'un temps très-long. *Time is money*, je le répète.

Eh bien! en se basant sur un très-grand nombre d'expériences, faites par lui et d'autres savants (1), Stohmann a établi que, *en même temps que la relation digestive s'abaisse, le coefficient de digestibilité de la protéine diminue*. C'est la découverte de cette loi qui rend tout à fait illusoire l'emploi des *équivalents nutritifs* d'après la teneur en azote des aliments; c'est là que gît l'écueil contre lequel est venue se briser cette théorie si commode, mais si fausse. C'est à tel point, qu'on en était venu à donner une valeur différente à l'*azote* dans les diverses substances alimentaires. Quoi qu'il en soit, Stohmann a donné la mesure de cette influence pour toutes les relations nutritives possibles, en se servant, pour les cas voisins et non expérimentés, d'une formule d'interpolation (2).

Ce sont les résultats par lui obtenus qui nous ont servi de base pour tracer la courbe-loi des variations

(1) Henneberg, G. Kühn, Aronstein, H. Schultze, Zehde, Bœber, Fleischer, Striedter, Hofmeister, Früling, Rost.

(2) La formule de Stohman est :

$$Cp = \left\{ \frac{\frac{1}{\frac{H}{P} + \alpha}}{P} \right\}$$

α est une variable que l'on détermine pour chaque série d'interpolation. $H = (L + Gl + P)$.

Voici les valeurs de α avec les différentes relations digestives:

du coefficient de digestibilité de la protéine avec la relation digestive, que nous donnons ici.

Usage de la courbe. — Les chiffres 2, 3..... 20 distant de 1 centimètre les uns des autres représentent les dénominateurs de la relation digestive $\frac{P}{H}=\frac{1}{2},\frac{1}{3},\frac{1}{4}$, etc.

Les nombres des lignes pointées représentent les

P : H	+ α	+ α	d
:: 1 : 2	$\overline{1}$,22 =	— 0,78	
3	$\overline{2}$,33	— 1,67	8,9
4	$\overline{3}$,44	— 2,56	8,9
5	$\overline{4}$,55	— 3,45	8,9
6	$\overline{5}$,67	— 4,33	8,8
7	$\overline{6}$,78	— 5,22	8,9
8	$\overline{7}$,89	— 6,11	8,9
9	$\overline{7}$,00	— 7,00	8,9
10	$\overline{8}$,11	— 7,89	8,9
11	$\overline{9}$,22	— 8,78	8,9
12	$\overline{10}$,33	— 9,67	8,9
13	$\overline{11}$,44	— 10,56	8,9
14	$\overline{12}$,55	— 11,45	8,9
15	$\overline{13}$,67	— 12,33	8,8
16	$\overline{14}$,78	— 13,22	8,9
17	$\overline{15}$,89	— 14,11	8,9
18	$\overline{15}$,00	— 15,00	8,9
19	$\overline{16}$,11	— 15,89	8,9
20	$\overline{17}$,22	— 16,78	8,9
30	$\overline{25}$,33	— 24,67	
40	$\overline{33}$,44	— 32,56	

Pour avoir l'α correspondant à un H intermédiaire, on fait la différence entre l'α supérieur et l'α inférieur, on divise par 10 et on multiplie par le chiffre décimal. La colonne *d* indique les différences : 10, et montre qu'en prenant 8,9 pour différence constante on ne commet qu'une faible erreur.

$$\alpha = 0,78 + 0,29 = 1,07 \text{ pour } H = 2,3$$
$$\alpha = 0,78 + 0,89 = 1,67 \text{ — } H = 2,9$$

coefficients exprimés en centièmes. Chaque ligne est distante de 5 millimètres de ses voisines. Ceci posé, soit à chercher le coefficient de digestibilité de la protéine de la relation $\frac{P}{H}=\frac{1}{8}$. On suit la perpendiculaire indiquée 8 jusqu'à la courbe, et la ligne pointée qui est la plus rapprochée du point d'intersection. C'est la ligne 53 qui ici coïncide avec ce point. Donc le coefficient est 0,53.

Pour la relation $\frac{1}{6{,}5}$ on remonte la perpendiculaire intermédiaire à 6 et 7. Elle rencontre la courbe à la ligne 58. $Cp=0{,}58$.

Pour la relation $\frac{1}{4{,}2}$ on remonte la perpendiculaire 4,2 que l'on obtient en plaçant une règle parallèlement à la ligne 4, et à 2 millimètres. Elle rencontre la courbe à 3/2 millimètre au-dessus de la ligne 68. $C=0{,}683$.

La courbe que nous venons de donner a sur les tableaux de chiffres l'avantage de parler aux yeux et de donner de suite une idée d'ensemble sur la marche du coefficient.

Soit à chercher le coefficient d'un foin ainsi conposé :

Proteine	8,5
Matières hydrocarbonées	70,6

$$P : H :: 1 : 8{,}3$$

$$Gp = \frac{1}{8{,}3 + \alpha} \quad \alpha = -6{,}11 + 0{,}089 \times 3 = -6{,}377$$

$$Gp = \frac{1}{8{,}3 - 6{,}377} = \frac{1}{1{,}923}$$

$$Cp = \frac{10}{19} = 0{,}526$$

$$Cp = 0{,}53$$

Elle peut donner la mesure approximative de l'influence de l'âge sur la puissance digestive des animaux pour la protéine, puisque, comme nous le verrons plus loin, à chaque âge convient une relation digestive particulière.

Puisque les plantes changent en grandissant de composition relative, le coefficient de digestibilité de la protéine varie par conséquent avec l'âge des plantes, et la courbe en question montre toutes les phases de ce changement.

On avait donné avant Stohmann des formules pour calculer les coefficients de digestibilité de la protéine d'après la composition des aliments ; la suivante, d'Henneberg, sans atteindre l'exactitude des coefficients de Stohmann, donne cependant des résultats qu'on peut utiliser :

$$Cp = \frac{h'}{\frac{P}{2} + H}$$

h' somme des matières grasses et des glucosides.

H somme des matières hydrocarbonées.

Ces généralités étant posées, nous allons passer en revue la digestibilité absolue de la protéine dans les différents groupes d'aliments.

Les coefficients que nous donnons, obtenus par l'expérience, se rapportent à des qualités spéciales d'aliments. Aussi avons-nous cru indispensable, pour ne pas donner d'idées fausses, d'indiquer en même temps la composition des aliments expérimentés.

Il est bon aussi de faire remarquer que les animaux étaient soumis à la ration d'entretien, et que, par conséquent, ils utilisaient au maximum les principes nutritifs de leur ration.

DÉSIGNATION des aliments.	EAU p. 0/0.	PRO-TÉINE.	GRAISSE	GLU-COSIDES	CEN-DRES.	COEFFICIENT de la protéine.
						centièmes.
Paille d'avoine....	15	6,1	1,0	35,9	7,0	52 à 46
— de blé............	15	5,6	0,7	33,1	5,7	26 (1)
— de fèves..........	15	10,3	0,8	33,9	5,1	49 à 54
Foin de trèfle....... ...	15	14,1	1,2	35,6	5,9	50 à 53
— de pré............	15	13,3	1,4	39,5	6,7	55 à 64
Fèves moulues...........	15	26,9	1,7	46,8	3,1	100
Regain de pré...........	Composition non donnée.					70
Farine de colza privée d'huile						90
Mélasse.................						75
Pulpe...................						100
Trèfle vert (pas trop avancé)						72
Tourteaux...............						70
Semences, plantes sarclées..						100

(1) Nombre douteux.

Nous disons les coefficients précédents absolus, parce qu'ils sont relatifs aux aliments donnés dans une condition particulière, telle que l'influence d'alimentations complémentaires puisse être considérée comme nulle. Mais dans une ration constituée d'aliments grossiers (foins, pailles) et d'aliments concentrés facilement digestibles (graines moulues, tourteaux broyés), la digestibilité des premiers se trouve diminuée d'une quantité d'autant plus forte qu'est grande la proportion des derniers. Et l'action dépressive qui s'exerce dans ce cas peut aller très-loin, surtout dans les rations intensives, le coefficient de la protéine peut faiblir de 10, 20 et même au delà de 30 0/0.

Il se fait dans une ration complexe un balancement entre les divers éléments ingérés; ce sont toujours les plus facilement diffusibles qui passent, aux dépens des autres. Et c'est par cette sorte de compensation que le coefficient de la protéine d'une ration est toujours en accord avec sa relation digestive $\frac{P}{H}$.

Tous les résultats que nous venons d'énoncer permettent d'utiliser au plus haut degré les substances protéiques dans les rations alimentaires. C'est cette utilisation qui est la pierre angulaire du profit dans la spéculation animale, parce que c'est presque toujours les matières azotées, qui manquent à l'agriculteur; tandis que les glucosides et le ligneux sont toujours surabondants. La paille des céréales est une mine abondante qui fournit toujours à bas prix ces derniers éléments. C'est surtout sur les premiers que l'attention du cultivateur doit être sans cesse dirigée.

Cependant on ne saurait trop recommander de ne pas considérer ces nombres comme des données *absolues, immuables;* ils doivent servir de bases générales; ce sont des indications précieuses, mais il faut bien se garder de les croire des points d'appui tout à fait fixes. Il faut toujours les corriger en raison de l'aptitude individuelle.

d. — De la digestibilité des matières grasses, et de leur influence sur la digestion.

Maintenant que nous avons donné le moyen de fixer la quantité de matières protéiques assimilables qui entre dans une ration, avec autant d'exactitude que le comporte une question si complexe et si délicate, c'est l'étude de la digestibilité des matières grasses, et de leur rôle dans la digestion, qui va nous occuper.

Déjà depuis longtemps les matières riches en huile sont réputées pour avoir de très-bons effets dans l'alimentation en général, puisque Caton en parle; mais c'est surtout dans l'engraissement que l'on en a jusqu'ici reconnu les bons effets. Ce que nous allons en dire montrera que leur présence est toujours avantageuse, dans toute ration.

Les expériences de Crusius à ce sujet sont devenues classiques. Elles ont mis en évidence cette vérité du plus haut intérêt, à savoir que la *présence des matières grasses dans l'alimentation, en proportion convenable, augmente la digestibilité des matières protéiques et des hydrates de carbone, et parmi ceux-ci de la cellulose surtout.* Il suit de là que la considération des matières grasses dans la composition des rations est d'une très grande importance. Leur emploi raisonné permet d'utiliser la paille à un haut degré, et c'est là un point qui mérite toute l'attention. Il n'est pas indifférent du tout de prendre les hydrates de carbone dans la farine des céréales, dans le foin ou dans la paille. C'est dans la paille qu'il est le plus économique d'aller les chercher.

Les mêmes expériences ont montré, en outre, que le rapport le plus favorable entre les matières grasses et la protéine est compris entre

$$\frac{Gr}{P}=\frac{1}{2,2}, \text{ et } \frac{Gr}{P}=\frac{1}{3};$$

et qu'au delà du rapport $\frac{1}{2,2}$, il y en a une certaine quantité que l'on retrouve dans les excréments, sans qu'elles aient servi à la nutrition.

La richesse du lait en beurre montre combien la nature prend soin de ne pas laisser manquer la graisse dans l'alimentation des jeunes animaux, chez lesquels l'activité organique est si développée. On verra dans le tableau de la composition du lait que nous donnons plus loin (2e partie, ration d'élevage), que le beurre forme en général un peu plus du tiers de la matière sèche. Nos expériences de l'hiver 1875 sur le contenu en beurre du lait de vache déjà avancées, nous ont donné une moyenne de 5 0/0, le maximum moyen étant 5,23 et le minimum moyen 4,90 sur un ensemble de 31 dosages.

Les expériences de Crusius sur les veaux montrent que l'accroissement en poids n'est proportionnel ni à la quantité de protéine, ni à celle de sucre de lait, mais plutôt à la proportion de beurre qui se trouve dans le lait consommé.

Des expériences faites sur l'engraissement des cochons et la production du lait ont donné des résultats analogues dans leur genre.

Il ressort aussi des expériences de Henneberg et Stohmann, sur la digestibilité des fourrages grossiers, que les matières grasses, telles que nous les avons définies (principes solubles dans l'éther), ne sont pas également digestibles dans tous les aliments. Voici quelques chiffres à ce sujet :

Désignation des aliments.	Coefficient.
Fèves égrugées	1,00
Paille de fèves	0,60
Foin de trèfle	0,35
— pré	0,45
Paille d'avoine, de blé	0,20
Huile de navette	1,00 (1).

En général il ne faut guère compter que sur le tiers des substances grasses indiquées dans les tables, pour les fourrages grossiers (foins, pailles). D'où il suit qu'il faut d'autant plus en donner qu'il entre dans la ration moins d'aliments concentrés.

On a vu plus haut quelles quantités digèrent en moyenne les différents genres d'animaux agricoles.

e. — De la digestibilité des glucosides et du ligneux.

Les Allemands appellent matières extractives non azotées les parties facilement solubles dans les acides et les alcalis étendus. Les principales de ces substances sont les matières amylacées, sucrées et la cellulose jeune, que nous désignons sous le nom de *glucosides*; on y trouve en outre des gommes et de la pectine, dont les effets nutritifs sont jusqu'ici on ne peut plus douteux. C'est pour cette raison que dans l'étude des aliments nous n'avons parlé que des premières substances. Du moment que l'on ne sait rien sur la valeur physiologique des dernières, il est inutile de s'en occuper pour le but que l'on se propose ici. Cette restriction faite, nous passons à l'étude de leur digestibilité.

(1) La composition de ces aliments a été donnée au tableau précédent.

Celle-ci n'est certes pas absolue quand on les prend en bloc. Ainsi les expériences déjà citées de Henneberg et Stohmann sur les fourrages grossiers ont donné les coefficients suivants :

Désignation des aliments.	Coefficients.
Paille d'avoine	0,44
— de blé	0,39
— de fèves	0,62
Foin de trèfle	0,67
— pré	0,67 (1).

Mais si, comme nous l'avons dit plus haut, la digestibilité de la protéine est influencée d'une façon remarquable par la proportion des autres principes, tout porte à croire que la digestibilité des glucosides est aussi dépendante de la quantité de protéine. L'expérience d'Haubner, que nous avons donnée plus haut, en est une preuve frappante.

Il ressort aussi des expériences d'Henneberg et Stohmann un fait d'une importance pratique considérable à savoir *que la partie soluble dans l'eau des fourrages grossiers donne à peu près exactement la mesure des glucosides digestibles*. Voici les résultats obtenus :

DÉSIGNATION DES ALIMENTS.	MATIÈRES solubles.	GLUCOSIDES digérés.	DIFFÉRENCE.
Paille d'avoine	3,25	3,17	+ 0,08
— de blé	0,94	1,07	— 0,13
— de fèves	5,18	5,34	— 0,16
Foin de trèfle	11,24	11,30	— 0,06
— de pré	6,42	6,36	— 0,46

Les différences sont, comme on le voit, insigni-

(1) Même composition que plus haut.

fiantes; de plus, ce sont en général les nombres de la première colonne qui sont inférieurs. — On peut donc avoir par une opération fort simple une notion assez exacte de la partie digestible des glucosides.

On a aussi essayé d'arriver par le calcul à déterminer *a priori* le coefficient de digestibilité des glucosides des fourrages. Parmi toutes les formules données, nous prenons celle de Mehlin qui donne les résultats à peu près exacts.

$$Cgl = \frac{2P + L}{3L}.$$

Pour le foin Cgl=environ 0,65.

On doit considérer la fécule et les sucres comme tout à fait digestibles. Mais cela n'empêche pas d'en retrouver dans les excréments quand leur quantité dépasse les limites convenables.

Pendant longtemps on a cru que le ligneux était complétement indigestible; mais aujourd'hui on sait qu'il n'en est rien. En effet, Haubner, Sussdorf et Stœckhardt ont reconnu que les ruminants digéraient les proportions suivantes du ligneux :

Ligneux d'une pâte à papier très-fine......	0,7 à 0,8
— d'un foin coupé à la floraison.....	0,6 à 0,7
— de la paille et de la sciure de bois en pâte à papier................	0,4 à 0,5
— de la sciure de sapin.............	0,3 à 0,4

Dans leurs expériences sur la digestibilité des fourrages grossiers, Henneberg et Stohmann ont trouvé pour les ruminants les coefficients suivants:

Paille d'avoine	0,55
— blé..................................	0,52
— fèves................................	0,36
Foin de trèfle	0,39
— pré..................................	0,60

Les mêmes expériences ont aussi mis en lumière le fait capital suivant :

La partie digérée du ligneux est la cellulose pure, et la partie non digérée est formée de cutine et de lignine, etc.

La composition chimique de la cellulose est identiquement la même que celle de la fécule ; par suite, il est tout naturel de conclure que le rôle de la cellulose et de la fécule dans la nutrition est absolument le même.

La digestibilité du ligneux peut se calculer approximativement par la formule d'Émile Wolff :

$$Cl = \frac{L}{P + h'}$$

ou par celle de Mehlin :

$$Cl = \frac{4}{7} \cdot \frac{h' - P}{L}.$$

Une remarque d'une importance majeure dans l'application est celle-ci :

La somme des matières digérées des glucosides et du ligneux égale à peu près la quantité totale des premiers.

Et par conséquent la colonne des glucosides des tables de la composition des aliments, donne la quantité de matières hydrocarbonées disponibles.

Le tableau qui suit renferme les résultats obtenus à ce sujet :

DÉSIGNATION des aliments.	LIGNEUX digéré.	GLUCOSIDES + GRAISSE digérés.	TOTAL.	GLUCOSIDES + GRAISSE.
Paille d'avoine....	3,790	3,215	7,005	7,245
— de blé.....	1,685	1,085	2,770	2,775
— de fèves...	3,160	5,445	8,605	8,745
Foin de trèfle....	5,140	11,490	16,630	17,265
— de pré.....	3,695	6,965	10,685	10,460

Il se fait donc entre ses deux classes de principes une remarquable compensation.

f. — Digestion des matières minérales.

La digestion des matières inorganiques solubles ne présente aucune difficulté. Elles passent directement dans le sang, absorbées par les chylifères. Quant aux autres, il est fort probable qu'elles sont expulsées par les excréments, telles qu'elles ont été ingérées. Cependant la présence de l'acide chlorhydrique dans l'estomac pourrait autoriser à croire que certains sels solubles dans cet acide peuvent être digérés.

Des expériences faites par Lehmann, sur la distribution directe de la poudre d'os aux veaux, semblent confirmer cette manière de voir. En effet le phosphate des os a été assimilé, malgré son insolubilité dans l'eau. Il peut se faire que ce soit à l'état de phosphate bicalcique, provenant de l'action de l'acide chlorhydrique sur le phosphate tricalcique. Quoi qu'il en soit, les expériences de Lehmann autorisent à conclure que si les aliments ne renferment pas assez de matières phosphatées, il est bon d'ajouter de la poudre d'os et de la poudre de phosphates minéraux (1).

(1) A une ration composé :
1 kilogr. orge moulue,
1 — tourteaux de colza,
4 — foin de fléole haché,
20 petit lait
par quintal vivant, il ajoutait 4gr,1 de poudre d'os. L'animal assimila plus de moitié de l'acide phosphorique, 5/7 de la chaux et 1/5 de la magnésie de la poudre d'os.

C. Préparation des aliments.

La préparation des aliments a pour but de les mettre dans un état tel que les sucs digestifs agissent sur eux à leur plus haut degré d'activité. Toutes les manipulations qu'on leur fait subir ont pour effet immédiat, et de diminuer le travail des organes, et d'augmenter leur effet nutritif, en leur donnant un goût plus agréable qui excite l'appétit, et en leur faisant acquérir une digestibilité plus grande, qui augmente d'autant la valeur de la substance alimentaire.

Pour arriver là, on emploie trois grands moyens que nous allons examiner successivement, et qui sont :

a. la cuisson ;
b. la fermentation ;
c. la division.

a. — La cuisson.

La cuisson des foins, des pailles, amollit considérablement toutes leurs parties nutritives, les rend plus facilement diffusibles. Par là leur valeur alimentaire se trouve augmentée dans la proportion dont s'est accru le coefficient de digestibilité. La façon la plus énergique d'opérer dans ce cas, est de soumettre, dans un vase clos, les fourrages à l'action de la vapeur. Quand on opère à l'eau bouillante, la transformation est moins active. — L'eau qui, dans les deux modes d'opérer, se trouve intimement mélangée aux fourrages, traverse beaucoup moins vite les muqueuses digestives que l'eau des boissons, et aide dans l'estomac la désagrégation des aliments.

La cuisson des pommes de terre change leur valeur nutritive. Crues, elles procurent une abondante sécrétion d'un lait riche en eau et pauvre en beurre, tandis que cuites, le lait qu'elles fournissent est moins abondant, mais la quantité de beurre totale est plus grande. Les pommes de terres cuites poussent à la graisse, parce que l'abondante fécule qu'elles contiennent se trouve dans un état très-favorable à la transformation adipeuse.

La cuisson des grains ramollit leur écorce, rend facile leur mastication et leur attaque par la salive et les sucs gastrique et pancréatique. Quand on donne aux ruminants, et aussi aux animaux monogastriques, des grains sans les avoir traités d'une manière quelconque, pour briser leur écorce ou la rendre plus molle, on en retrouve beaucoup d'entiers dans leurs déjections.

Mais la cuisson des fourrages, des racines et des grains demande une certaine dépense de combustible, et il s'agit de bien examiner, quand on l'entrepend, si les frais seront dépassés par l'augmentation de l'effet nutritif.

C'est surtout dans les mauvaises années de fourrages, où cette pratique est avantageuse. On est alors obligé de remplacer une grande partie du foin par de la paille, et la cuisson de celle-ci permet de diminuer celui-là d'une plus forte quantité, sans augmenter le poids et le volume de la première.

b. — La fermentation.

La fermentation, quand elle est bien conduite, procure les mêmes avantages que la cuisson, et même de plus grands, en ce sens qu'elle est plus économique. Par la fermentation, en outre, certains principes nutri-

5.

tifs, particulièrement les hydrates de carbone, subissent des transformations chimiques qui sont très-favorables à l'action digestive, et qui, en même temps, font rechercher plus avidement ces substances par les ruminants et les cochons.

c. — La division.

L'égrugeage des grains a un effet plus complet encore que la cuisson sur leur complète utilisation.

Le hachage des foins et des pailles rend leur mastication plus facile, et permet de les mélanger parfaitement avec les autres aliments, en même temps que leur gaspillage devient moins grand. Rien que cette dernière considération rend avantageuse la pratique du hachage des fourrages verts.

Les racines et les tubercules doivent nécessairement être découpés en tranches plus ou moins grosses, ou dépulpés, pour que l'on puisse les mélanger avec les balles et les siliques.

Mais en général la combinaison de ces trois moyens entre eux donne les meilleurs résultats.

C'est ainsi que, en combinant la division à la fermentation, on peut conserver pendant de longs mois des mélanges judicieux de fourrages verts et secs, par la pratique des silos.

Dans la préparation des rations d'hiver, on peut, pour activer la fermentation toujours assez lente à se développer, arroser les mélanges d'aliments d'eau chaude, ou avec une partie de substances traitées par la vapeur.

Nous reviendrons dans la seconde partie sur la pratique de ces opérations à propos de chaque genre d'alimentation.

d. — Condiments.

Il convient d'abord de définir ce que l'on entend par condiment.

Le condiment est toute chose qui impressionne agréablement le système nerveux de l'appareil digestif, car elle favorise par là le fonctionnement de celui-ci, et le rend aussi complet que possible.

Une substance peut donc être condiment, sans qu'elle ait aucune propriété nutritive.

Ainsi il y a des condiments purement moraux. La vue d'une table bien servie, une aimable réception, la musique pendant le repas, sont autant de choses qui influent favorablement sur la digestion. Une nouvelle fâcheuse, un trouble, sont, au contraire, des condiments négatifs, en ce sens qu'ils agissent d'une manière directement opposée.

Eh bien ! pour l'animal aussi, le condiment moral existe. Lorsque l'étable est proprement tenue, la nourriture agréablement présentée, la digestion de l'animal est évidemment meilleure, surtout lorsqu'à la fois le personnel lui prodigue des soins affectueux et bien entendus.

Il suit donc de là, que le caractère du personnel est un facteur du coefficient de digestibilité ; et c'est l'exemple d'une de ces circonstances influentes multiples, dont on ne peut tenir compte dans l'expérimentation.

Quoiqu'il en soit, on peut dire, en se plaçant au point de vue purement matériel, que toute substance est condiment, que les animaux prennent avec plaisir.

Chacun sait que l'on a discuté longtemps sur l'utilité du sel dans les rations alimentaires, et que l'on a accumulé à ce sujet un monceau de faits contradictoires. Eh bien ! la définition ainsi posée résout nettement la question et coupe court à toute discussion. Le sel est pris avec plaisir par tous les animaux, en quantité plus ou moins forte ; tout le monde est d'accord là-dessus. Donc le sel est un condiment ; qu'il agisse comme élément nutritif ou non, le sel est utile dans les rations.

Outre le sel marin (Na Cl), il n'y a guère que quelques plantes sapides et odorantes des prairies qui soient reconnues comme substances condimentaires chez les animaux. Mais on peut cependant affirmer hautement que les dérivés alcooliques de la fermentation, les dérivés acides, sont des condiments de premier ordre pour les ruminants et les cochons. On peut citer parmi ces dérivés : les alcools, leurs éthers, les acides qui en dérivent.

DEUXIÈME PARTIE.

Calcul des rations

PLAN.

Étant connu ce qui précède, nous pouvons aborder le *calcul des rations*, c'est-à-dire la détermination de la quantité de chaque groupe de principes nutritifs qu'il est le plus avantageux de fournir aux animaux qui nous intéressent pour arriver aux différents buts que l'on peut se proposer.

Après avoir posé les principes généraux de cette détermination, nous aborderons d'abord la *ration d'élevage*, parce que, dans l'ordre naturel des choses, c'est la première que tout animal est appelé à recevoir. Ce n'est qu'après avoir posé les bases scientifiques de celle-ci, que nous nous occuperons de la *ration d'entretien*, que l'on peut définir la quantité d'aliments nécessaires à la conservation de la vie et au bon fonctionnement de l'organisme animal, sans que celui-ci gagne ou perde de sa substance, sans qu'il donne aucun produit. La raison de cet ordre est facile à saisir ; car, l'animal se trouvant alors dans une période de formation, il ne peut pas être question de l'entretenir. L'entretien d'une machine ne commence que lorsqu'elle est construite : ainsi en est-il de l'animal.

Nous sommes conduit naturellement à nous occuper alors de la *ration de production*, que l'on définit tout excédant à la ration d'entretien. Les bases de la ration de production doivent évidemment varier selon les différents buts qu'on se propose. C'est pourquoi nous passerons successivement en revue la production du lait, la production de la viande de boucherie ou engraissement, et enfin la production de la force.

Il n'entre pas dans le cadre restreint de nos études d'étudier les conditions spéciales auxquelles les animaux doivent satisfaire pour répondre à ces différentes fins ; cela est du ressort de cette partie de la zootechnie qui étudie les races et les types de conformation qui correspondent le mieux aux diverses fonctions économiques.

L'unique point vers lequel nous tendions, c'est d'aider le cultivateur à tirer le meilleur parti possible des aliments dont il dispose, les conditions économiques dans lesquelles il se trouve étant connues, et les animaux choisis dans le sens de la spéculation qu'elles indiquent.

I

Principes généraux.

Le problème d'une bonne méthode d'alimentation rationnelle exige non-seulement que les fourrages disponibles soient distribués de telle façon et en telle proportion que les rations correspondent aux besoins de l'animal et au but de son entretien, mais encore que l'alimentation convienne et corresponde à ce qu'il y a de préférable au point de vue de la culture, et de plus avantageux au point de vue du bénéfice. (J. Kühn, édit. française.)

Il est difficile d'énoncer d'une manière plus précise les conditions auxquelles doit satisfaire le problème que nous allons essayer de résoudre; celui-ci se compose donc de deux parties distinctes : l'une ayant rapport à la détermination des quantités d'aliments nécessaires aux individus; et l'autre tendant à établir une harmonie indispensable entre la situation économique, les besoins des animaux, et le but que l'on cherche à atteindre.

Pour arriver à une solution rationnelle, il faut évidemment partir de bases générales solides, de peur que l'édifice ne s'écroule avant que l'on n'en soit au faîte. Le premier point de vue auquel nous devons nous placer étant le côté physiologique, nous allons d'abord établir les principes généraux qui doivent servir de point de départ pour la solution de cette question. Ensuite nous étudierons les lois d'économie rurale qui dominent la seconde face du problème.

Pour déterminer quantitativement une ration, il ne convient pas de prendre pour point d'appui le nombre de têtes de bétail d'une étable, car il est évident que deux individus peuvent avoir des besoins bien différents. La surface du corps serait plus rationnelle, mais malgré les efforts récents que l'on a fait pour l'utiliser dans ce sens, elle n'offre pas les caractères d'une base rigoureuse, d'autant plus que nous n'avons pas de moyen qui permette d'en prendre, même approximativement, la mesure.

Mais le poids vif peut nous fournir un point de départ meilleur en l'utilisant convenablement; et cependant ce n'est pas encore une base absolument rigoureuse, quoi qu'il soit facile de le déterminer exactement au moyen de la balance. On sait, en effet, que la température et maintes conditions extérieures influent notablement sur les besoins alimentaires, et que l'âge, la race et l'individualité sont aussi des facteurs importants dans le calcul de la ration. Toutefois on peut considérer le poids vif comme une base d'une grande exactitude, lorsqu'on s'aide en même temps des considérations qui découlent des nombreuses expériences faites à ce sujet.

Pour obtenir des résultats précis, en le prenant comme point de départ général, il est nécessaire et suffisant que l'on détermine les besoins des différents genres d'animaux aux divers âges de la vie, et suivant les différents buts que l'on veut atteindre; et qu'en outre on prenne comme points de repère, non pas des moyennes absolues, mais des maxima moyens et des minima moyens ; et qu'enfin on se souvienne dans l'application que les exigences physiologiques des animaux de moindre poids sont relativement plus fortes que celles des plus lourds, et que, par conséquent, on se rapproche d'autant plus du maximum que l'on a affaire à une plus petite bête.

On peut facilement faire disparaître la cause d'erreur qui tient à la température, en prenant bien soin de la maintenir autant que possible voisinè de 15 degrés dans les étables.

On y parvient en hiver par une bonne fermeture des portes et fenêtres, dans les étables dont les murs sont bons et le plafond bien couvert; et en été en fermant par des volets ou des paillassons les ouvertures où donne le soleil, en ménageant des courants d'air dans la partie supérieure, et en disposant des vases à large surface remplis d'eau.

Quant aux influences qu'exerçent les autres conditions extérieures, on peut presque toujours faire disparaître les nuisibles. C'est surtout par la douceur et une exquise propreté qu'on arrivera aux meilleurs résultats.

Pour la détermination exacte du poids vif des animaux, il est indispensable d'avoir recours à la balance; et les résultats obtenus ne sont comparables qu'autant qu'on les pèse toujours après le même temps de jeûne. C'est aussi à la balance qu'il faut avoir recours pour faire une distribution rationnelle des aliments, et pour qu'on puisse, par une comptabilité régulière, juger rigoureusement d'une opération zootechnique. C'est encore elle seule qui, par des pesées successives des sujets, permet d'apprécier exactement l'effet produit par un régime. Donc la balance seule peut fournir le critérium dans l'alimentation du bétail.

On a fait différentes tentatives pour substituer la mesure à la pesée directe des animaux. Mathieu de Dombasle a proposé un système pour les bêtes bovines; Quételet a également dressé des tables à ce sujet, et les Anglais en ont pour tous les animaux. Mais il faut dire que les résultats que l'on obtient ne sont jamais assez exacts pour fournir un point de départ sérieux : car toutes les tables qu'on peut employer dans ce but se rapportent aux animaux de certaines contrées. Celle qui concerne les bêtes bovines les plus rapprochées de celles de la Haute-Marne, est évidemment la table de Dombasle.

La base du calcul des quantités d'éléments nutritifs nécessaires étant établie ; il est indispenable de déterminer de quelle considération on partira pour fixer le volume de la ration; car, l'on doit dans tout établissement de régime en tenir grand compte. Il faut en effet, pour que la digestion se fasse dans de bonnes conditions, que l'estomac soit rempli après chaque repas. Les glandes qui sécrètent le suc gastrique, et qui sont logées dans les parois de ce viscère, n'entrent en activité que par le contact des aliments mêmes, et par suite un estomac ne met en œuvre toute sa puissance de digestion que lorsqu'il est exactement rempli. D'un autre côté, s'il est trop distendu, la sécrétion se trouve gênée et peut même être interrompue. — La capacité de l'estomac dépend surtout du régime alimentaire des premiers temps de la vie. Chez les animaux qui ont été sevrés de bonne heure, et qu'on a alimentés avec des matières volumineuses, l'estomac prend un développement exagéré qui, une fois acquis, ne se perd plus. Lors donc qu'on veut se rendre compte de la capacité gastrique chez les adultes, il faut se souvenir de cette circonstance. Il suit de là qu'on ne peut pas évaluer *a priori* la capacité gastrique d'un individu; on n'en peut avoir qu'une notion générale. — Le seul moyen que nous ayons de nous assurer qu'une ration est suffisamment volumineuse, est celui que l'on emploie couramment et qui consiste à examiner après chaque repas si le flanc est bien tendu, si l'animal est *bien plein*, en termes de métier. Quand même on pourrait savoir exactement le volume de l'estomac, cela n'en resterait pas moins le seul moyen précis, parce qu'il n'est guère possible de déterminer exactement le volume qu'occupera certain mélange d'aliments après la mastication.

Le seul moyen qui permette de faire entrer indirectement le volume des rations dans leur calcul, c'est la considération du poids de substances sèches qu'elles renferment. C'est par là seulement que l'on peut évaluer approximativement si la ration introduite dans l'estomac se trouvera dans de bonnes conditions physiques pour le fonctionnement de celui-ci. Mais c'est là un moyen bien imparfait, car il n'est pas indifférent que la matière sèche soit donnée sous tel ou tel état. Il faut pour les ruminants, par exemple, qu'il y ait toujours dans la ration une quantité notable de fourrages grossiers pour que l'acte de la rumination puisse s'accomplir.

Une chose qui montre aussi l'imperfection de cette base, c'est l'amplitude de la variation du besoin de substances sèches pour un même genre d'invididus. En ne considérant que les grands ruminants, par exemple, les besoins peuvent varier de 1,5 à 3,5 par quintal vivant.

Quoi qu'il en soit, on peut par ce moyen cependant obtenir de bons résultats, quand on se sert judicieusement des points de repère donnés à ce sujet, et qu'on les modifie suivant les circonstances.

Quant à la quantité d'eau dont les animaux ont besoin, elle est évidemment très-variable. Elle n'est pas cependant indifférente pour l'accomplissement normal des transformations. Plus elle est considérable, plus sont faciles aussi les mutations des principes ; plus les sécrétions sont abondantes, plus la graisse se forme rapidement. Mais d'autre part, quand l'eau absorbée se trouve surabondante, elle agit d'une façon préjudiciable sur la santé des animaux et la qualité de leurs produits. La consommation d'eau des animaux est en général plus considérable en été qu'en hiver, avec une alimentation sèche qu'avec une nourriture aqueuse. La quantité d'eau que les animaux absorbent mélangée avec les aliments a toujours sur la digestion des effets meilleurs que l'eau directement bue. Aussi est-il avantageux dans la pratique de l'alimentation de donner aux sujets ce qu'on appelle des buvées, des masches, des fourrages verts ou aqueux en certaine quantité. Mais il faut se garder de ne pas rester dans de sages limites.

Enfin, le moyen le plus recommandable de faire boire les animaux, est de laisser toujours à leur disposition une eau saine et dont la température varie de 10 à 15 degrés C.

Mais il ne suffit pas que les animaux reçoivent une quantité telle de nourriture que leur estomac soit rempli à chaque repas, il faut, en outre, que l'on y trouve en quantité suffisante et dans des rapports donnés, les éléments nutritifs que nous avons démontré indispensables dans la première partie. Il faut que la quantité de substances azotées, grasses, hydrocarbonées soit en rapport immédiat avec le but que l'on se propose. Et pour que l'utilisation de la ration atteigne son maximum, il faut d'abord que la relation digestive corresponde et à l'âge de l'individu, et à la fin que l'on poursuit ; qu'ensuite il y ait entre les graisses et la protéine un rapport assez voisin de celui que l'expérimentation a montré le plus favorable.

Pour ce qui est des variations de la relation digestive avec l'âge, la simple observation des faits naturels nous fournit des points de repère d'une grande précision. Mais avant d'entamer leur détermination, il est indispensable de préciser les périodes de la vie. Au point de vue physiologique, l'âge des animaux ne se compte pas par les mois et les années, mais par le développement du squelette. Or nous avons un moyen très-précis de suivre celui-ci pas à pas : il suffit, en effet, de suivre l'évolution dentaire.

La première période de la vie, que nous appellerons la période de l'allaitement, commence à la naissance de l'animal et va jusqu'à l'époque où toutes les dents de lait sont sorties. C'est alors le moment rationnel du sevrage complet.

La seconde période part de là et se poursuit jusqu'à la chute des premières incisives. La troisième s'achève quand est complète la dentition permanente. Enfin la quatrième part de cette époque.

Pour examiner comment doit varier la relation digestive suivant les âges précédents, nous allons considérer ce qui se passe à l'état naturel.

La mère allaite le petit pendant toute la première

période, et vers la fin, celui-ci commence à manger quelques jeunes pousses succulentes des herbes qui croissent spontanément et forment les pâturages de l'état de nature. Alors, quel est le rapport des matières protéiques aux substances hydrocarbonées ? La connaissance chimique du lait montre qu'il est à l'origine de $\frac{1}{2}$, et celle des jeunes pousses des prairies naturelles qui, depuis le commencement de la seconde période, forment l'unique alimentation, indique qu'il passe graduellement de $\frac{1}{2}$ à $\frac{1}{3}$. Jusqu'alors, le ligneux n'entre pas dans la ration, ou bien pour une infime partie. A partir de cette époque jusqu'à l'évolution complète de la dentition permanente, le rapport s'affaiblit graduellement pour être finalement égal à celui que l'on rencontre dans le foin de pré moyen et qui est de $\frac{1}{8}$, et alors, le ligneux entre dans la ration pour moitié presque des substances hydrocarbonées. La deuxième et la troisième période ont donc pour relations digestives $\frac{1}{3}$, $\frac{1}{4}$, $\frac{1}{5}$, $\frac{1}{6}$, $\frac{1}{7}$, $\frac{1}{8}$.

Maintenant, pour guide de la rapidité de la décroissance de la relation digestive, on doit considérer l'évolution dentaire. Quand les pinces permanentes sont sorties, alors que commence la troisième période, c'est la relation $\frac{1}{5}$.

En résumé donc, voici les variations de la relation digestive avec l'âge :

1re période $\frac{1}{2}$ à $\frac{1}{3}$.

2e période $\frac{1}{3}$ à $\frac{1}{5}$

3e période $\frac{1}{5}$ à $\frac{1}{8}$

4e période $\frac{1}{8}$.

Quant au rapport adipo-protéique, l'expérimentation a démontré qu'il devait être compris entre $\frac{1}{2,2}$ et $\frac{1}{3}$. Dans le lait, le rapport est en général égal à l'unité, cela suffirait à faire comprendre toute l'importance des matières grasses dans l'alimentation de la première période, si nous n'avions pas les belles expériences de Crusius. Pour ce qui est du foin de pré naturel, le rapport y est de $\frac{1}{2,8}$.

Les glucosides et le ligneux doivent être dans un rapport décroissant si l'on exprime le ligneux au dénominateur. Ainsi, dans le lait où il n'y a pas de ligneux, le rapport $= 1 : 0$ (1), et dans le foin de pré moyen, il a pour expression $\frac{Gl = 1}{L = 0,7}$, environ 1. Mais ce rapport n'a pas, comme les précédents, une haute importance ; car la division des hydrates de carbone en ces deux groupes est un peu arbitraire, et chacun d'eux ne correspond pas réellement à des matières différentes, puisque c'est principalement la cellulose qui forme le ligneux, et que la cellulose a la même com-

(1) Symbole de l'infini.

position que la fécule. La seule remarque importante pour l'application que l'on puisse faire au sujet de ce rapport, c'est qu'il doit être bien supérieur pour les animaux monogastriques que pour les ruminants, et que, pour ce qui concerne ces derniers, c'est seulement dans la ration d'entretien que ce rapport doit être minimum, c'est-à-dire inférieur à 1. Pour les chevaux de travail adultes, la considération des coefficients de digestibilité nous amène à $\frac{Gl = 1}{L = 0,5}$. Quant aux variations de ce rapport avec l'âge, elles sont également bien déterminées par ce fait que le rapport est nul dans la première période, et qu'il doit baisser insensiblement depuis 1 : 0 jusqu'à 1, dans la deuxième et la troisième périodes.

Pour ce qui est des changements que l'on apporte aux différents rapports précédents, suivant le but qu'on poursuit, il en sera question pour chacun en son lieu.

La quantité de matières minérales doit toujours se trouver dans une étroite relation avec les besoins individuels et finaux. C'est surtout la considération de l'acide phosphorique et de la chaux qui a de l'importance, car, ainsi que nous l'avons vu dans la première partie, ce sont les deux substances qui se rencontrent le plus abondamment dans l'économie. Or, d'après ce que l'on voit, l'acide phosphorique se trouve presque toujours abondamment dans les rations riches en protéine. Cependant, pour un bon contrôle des opérations zootechniques, il faut toujours s'assurer que l'acide phosphorique et la chaux sont abondants dans le régime suivi. S'il venait à se trouver que la quantité de ces matières inorganiques soit trop faible, il ne faudrait pas reculer devant l'addition de poudres d'os ou de phosphates fossiles très-finement pulvérisés; si la chaux faisait uniquement défaut, il serait avantageux de donner un supplément de craie en poudre.

Ces points essentiels déterminés, il faut fortement insister sur les effets préjudiciables des brusques changements de régime. L'influence de l'habitude entre en effet pour beaucoup dans l'utilisation des aliments; aussi, chaque fois que l'on vient à remplacer sans ménagements un aliment par un autre, même meilleur, il y a toujours un temps d'arrêt dans la production, et toute la nourriture consommée en ce moment est totalement perdue au point de vue du bénéfice. Voici, du reste, un exemple frappant de cette influence perturbatrice du brusque changement de nourriture :

Deux bœufs de 2 ans 1/2 recevaient chacun :

Tourteaux de colza	750 gr.
Foin	2,500
Paille	2,000
Betteraves	21,000

On remplaça brusquement les betteraves par 10,600gr de pommes de terre cuites. Chacun des bœufs diminua de poids, puis augmenta. L'un revint au poids primitif au bout de 7 jours et l'autre au bout de 12 seulement. Il y eut donc dans l'opération 7 + 12 = 19 rations perdues.

Deux bœufs de 1 an 1/2 avaient reçu une ration composée de tourteaux, de paille, de foin et de pommes de terre, et on les mit brusquement au trèfle vert : il fallut 18 jours aux deux animaux pour revenir à leur poids initial. On perdit donc 36 rations.

Mais si, dans le changement des aliments, on a soin de ménager de lentes transitions, on n'éprouve nul retard dans la production. Ainsi, deux bœufs de 2 ans 1/2 reçurent la même ration jusqu'au 11 novembre. Du 11 au 26, on remplaça graduellement les pommes de terre par les betteraves et les poids ne cessèrent d'augmenter. De 548 et 492 qu'ils étaient le 11, ils se trouvèrent le 25 de

563 et 512

Conséquemment, dans la nourriture des animaux, il faut la plus grande régularité ; et l'on doit avec grand soin éviter les changements brusques de régime. C'est en partie la négligence de cette précaution qui a fait gratifier le bétail de l'épithète de *mal nécessaire*.

Pour terminer ce qui se rapporte aux généralités physiologiques de l'alimentation, nous allons nous occuper des différentes méthodes employées pour la préparation des rations.

On a vu dans la première partie quelles étaient les influences de la cuisson, de la fermentation et de la division : ici nous traiterons de leur mise en pratique.

Pour ce qui concerne la cuisson et la division, nous n'avons que deux mots à dire. On se sert, pour cuire les légumes, etc., d'appareils spéciaux, à travail intermittent ou continu.

La division s'opère différemment, suivant les aliments que l'on considère : les foins et les pailles sont hachés plus ou moins fins, pour permettre leur mélange avec d'autres aliments. On hache le maïs vert et la luzerne verte pour pouvoir les mélanger en proportions convenables, et empêcher le gaspillage.

La division des racines s'obtient au moyen des dépulpeurs ou des coupe-racines.

Celle des grains s'opère par l'emploi des concasseurs et des moulins. Le concassage des grains qui doivent entrer dans l'alimentation est indispensable pour leur bonne utilisation.

Quant à ce qui regarde la fermentation, nous entrerons dans de plus grands détails, à cause de l'importance dominante de la bonne conduite de l'opération.

La fermentation peut dans beaucoup de cas remplacer la cuisson. Jusqu'à présent on a soumis à cette préparation les pailles, les racines, les fourrages verts principalement, en leur ajoutant les compléments nécessaires.

La fermentation peut avoir deux buts : d'abord simplement la préparation des aliments, et enfin leur conservation et leur préparation simultanées.

Dans le premier cas, il faut mélanger les fourrages et les autres aliments divisés, les humecter avec de l'eau tiède, tenant en dissolution l'aliment concentré. On tasse la masse dans des cases élevées que l'on couvre et qu'on charge. Il est nécessaire d'employer des cases, parce qu'il faut, autant que possible, empêcher l'accès de l'air, qui ferait développer, sur la paille surtout, des champignons nuisibles à la santé des animaux. Les rations fortement tassées s'échauffent rapidement, et suivant la température atteignent 40 à 45° en 3 ou 4 jours. C'est alors qu'il faut les consommer. Il suit de là que 3 ou 4 cases suffisent dans tous les cas.

Dans le second cas, où l'on a en vue la conservation et la préparation des fourrages, il faut agir différemment. Cette méthode a reçu en Allemagne le nom de fermentation en fosse, et en France, dans ces dernières années, le nom d'ensilage.

Pour la mettre en pratique, on commence par

creuser dans un endroit sain, un silo ayant de 1 mètre à 1^{m},50 de profondeur, 2^{m},50 de largeur et une longueur indéterminée. On en recouvre les parois soit avec un bon mortier, soit avec un mur en pierre ou en briques cimentées.

D'autre part on divise les aliments que l'on veut ensiler, on les mélange, les sale faiblement (150 grammes pour 100 kilog.). On humecte s'il s'agit de fourrages secs, on ajoute des matières sèches, aux aliments aqueux, et l'on tasse fortement le tout dans le silo, et l'on finit l'emplissage par une sorte de dôme haut de 1 mètre et 1^{m},20 au-dessus du niveau du sol. Le tout est recouvert d'une couche de terre fortement battue, de 70 centimètres d'épaisseur. Il est nécessaire de surveiller la couverture dans les premiers moments pour reboucher avec soin toutes les crevasses qui peuvent se faire. Le point capital de l'opération, c'est d'empêcher l'accès de l'air. Il ne convient pas de revêtir les parois du silo avec de la paille, à cause de l'air qu'elle emprisonne, elle favorise le développement des champignons et la pourriture. Mais la paille très-finement divisée, la menue-paille (balles et siliques) peuvent avantageusement servir. En suivant toutes ces indications, la masse se comporte parfaitement, et acquiert par la fermentation un goût agréable qui la fait rechercher des animaux.

La fermentation lente qui se produit alors a un effet d'une importance physiologique capitale. En effet, à mesure que la durée de l'ensilage augmente, la relation digestive augmente. Il ne se fait pas réellement dans ce cas une création de matières protéiques, puisque dans la nature, rien ne se crée ; mais les phénomènes de fermentation amènent la disparition d'une certaine quantité de substances hydrocarbonées. Cette perte a été déplorée dans ces derniers temps, comme un malheur, évidemment par opposition systématique à l'auteur de la découverte ; mais les agriculteurs sensés sont loin de partager cette peine, au contraire, ils s'en réjouissent, car c'est pour eux le moyen de préparer à bon compte la protéine, de fabriquer sans frais, et avec des matières peu chères, l'aliment concentré qui d'habitude manque toujours et toujours coûte cher. L'agriculteur a dans tous les cas les matières non azotées en surabondance, et la protéine en déficit.

Une application très-heureuse de l'ensilage, est celle qu'en a faite M. S. Jonas en Angleterre. Il met en effet la paille en silo. Il n'a pas là, évidemment, en vue la conservation mais uniquement la bonification de la paille. Comme agent de fermentation, M. Jonas emploie des vesces ou du seigle vert, qu'il mélange intimement à la paille à raison de 5 0/0. On pratique l'opération comme il a été dit plus haut.

Les analyses comparatives de Wœlcker ont donné les résultats suivants :

	EAU.	PROTÉINE.	GRAISSE.	GLUCOSIDES.	LIGNEUX.
Foin..........	14,61	8,44	2,56	41,07	27,16
Paille de S. Jonas.	7,76	4,19	1,60	45,90	34,54
Différence....	— 6,85	— 4,25	— 0,96	+ 4,83	+ 7,78
Paille de blé....	13,33	2,93	1,74	23,66	54,13
Paille de S. Jonas.	7,76	4,19	1'60	45,90	34,54
Différence.....	— 5,57	+ 1,26	— 0,14	+ 22,24	— 19,59

	Foin.	Paille S. Jonas.	Paille de blé.
Relation digestive.... 1 :	8,4	19,5	27,1

La relation digestive a passé de $\frac{1}{27,1}$ à $\frac{1}{19,5}$. La proportion des matières grasses a peu varié ; mais le rapport des glucosides au ligneux a varié de $\frac{1}{2,28}$ à $\frac{1}{0,75}$ On peut prendre une telle paille comme base d'alimentation, et ajouter des tourteaux pour parfaire la relation digestive $\frac{1}{8}$ ou $\frac{1}{9}$. L'emploi des tourteaux de coton décortiqué renfermant 40 0/0 de protéine est fort bon dans ce cas. 10 à 12 0/0 de tourteaux de coton décortiqué font l'affaire.

L'ensilage des fourrages verts a fait dans ces derniers temps l'objet de la préoccupation générale. Tout le monde a entendu parler de l'ensilage du maïs-fourrage. L'opération se conduit toujours comme il a été dit plus haut. C'est en suivant les indications précédentes que nous avons conservé du maïs haché sans mélange depuis le 1er septembre 1874 jusqu'à la fin de mai ; et à cette époque les vaches le consommaient encore avidement.

M. Grandeau a publié au sujet de l'ensilage du maïs une étude sur les transformations qui se produisent dans la fosse. Il arrive en définitive aux mêmes conclusions que Wœlcker.

Les deux tableaux qui suivent donnent la composition des maïs de Cerçay et de Burtin, d'après les analyses de MM. Grandeau, Leclère et Barral. La comparaison des résultats obtenus dans les différents cas montre l'importance de l'opération, car elle permet de conclure :

1° Que l'ensilage ou fermentation en fosse enrichit les aliments en augmentant leur relation digestive ;

2° Que, en outre, en élevant le rapport adipo-protéique, cette opération accroît la valeur de l'aliment de toute la quantité de graisse qu'il contient en plus, et surtout en favorisant l'assimilation de la protéine ;

3° Que, en général, le rapport des glucosides au ligneux va aussi en augmentant.

Le maïs de Cerçay a été mélangé avec 1/3 de paille de blé et 3 à 4 pour 1000 de sel dénaturé; en voici la composition d'après les analyses de MM. Grandeau et Leclère :

	AVANT LA FERMENTATION.	APRÈS LA FERMENTATION.
Eau	59,02	60,72
Protéine	2,44	3,74
Matières grasses	0,66	1,50
Glucosides	18,83	16,68
Ligneux	15,15	8,70
Relation digestive	P : H :: 1 : 14,2	:: 1 : 7,13
— adipo-protéique	Gv : P :: 1 : 3,7	1 : 2,49
Rapport des glucosides au ligneux	Gl : L :: 1 : 1,3	1 : 0,52

Quant au maïs de Burtin, il n'a été mélangé qu'avec 1/5 de paille. Les analyses que contient le tableau suivant ont été faites par MM. Grandeau et Leclère pour le maïs vert et le maïs ensilé (*a*). L'analyse du maïs ensilé (*b*) est due à M. Barral, et elle a été faite sur un échantillon pris environ un mois après celui qui avait servi aux recherches de la station de l'Est.

	MAÏS VERT.	MAÏS ENSILÉ. (*a*)	MAÏS ENSILÉ. (*b*)
Eau	81,28	81,28	79,85
Protéine	1,22	1,24	1,69
Matières grasses	0,25	0,36	0,77
Glucosides	10,99	8,47	7,22
Ligneux	4,98	4,91	4,82
Relation digestive	1 : 13,3	1 : 11,08	1 : 7,58
— adipo-protéique	1 : 4,9	1 ; 3,44	1 : 2,19
Rapport des glucosides au ligneux	1 : 0,45	1 : 0,58	1 . 0,66

Dans les deux silos, celui de Cerçay et celui de Burtin, le résultat final est le même à peu de chose près. La relation digestive est en effet 1 : 7, 13 et 1 : 7, 58 ; le rapport adipo-protéique 1 : 2, 49 et 1 : 2, 19.

Si l'on considère à part la marche que suit le quantum 0/0 de matière grasse, il se révèle une réaction fort importante : *la synthèse des matières grasses*. La seule considération de l'axiome de Lavoisier : rien ne se perd, rien ne se crée dans la nature, permet d'établir que l'augmentation du quantum 0/0 des matières protéiques est dû à la disparition d'une quantité correspondante des autres matières, à ce que 100 kilogr. du mélange primitif n'en donne plus que 80 de mélange fermenté, par exemple. Eh bien ! si l'on considère les matières grasses à part, on voit qu'il peut y avoir perte, ou bien que la quantité peut rester stationnaire, ou enfin, que la quantité peut augmenter, par la transformation d'un genre de substances ternaires ou en un autre genre. A Cerçay, la protéine a passé de 2,44 à 3,74. 100 kilogr. de mélange définitif sont donc fournis (par disparition de matières non azotées) par 153 kilogr. de mélange primitif, qui renferment $153 \times 0,66 : 100 = 1,01$ de matières grasses. L'analyse donne pour 100 kilogr. du mélange final 1,50 : donc il n'y a pas eu perte, il y a eu au contraire gain de 0,49, soit presque le tiers de la quantité finale.

A Burtin, la protéine a passé de 1,22 à 1,69, c'est-à-dire que 100 kilogr. du maïs final ont été le résultat de la fermentation de 141 kilogr. de maïs primitif, contenant $141 + 0,25 : 100 = 0,35$ de matières grasses. L'analyse donne 0,77. Le gain a donc été de 0,42, soit plus de moitié de la quantité finale.

Puisque nous avons vu dans la première partie que lors de la fermentation alcoolique, il se forme toujours de la glycérine et même des acides gras, puisque tous les corps gras sont des éthers de la glycérine avec un acide gras, il est très-naturel de penser que dans le silo, la glycérine et l'acide gras se combinent pour former la graisse, et que la synthèse de celle-ci s'opère ainsi que l'a montré Berthelot dans le laboratoire.

On peut donc ajouter aux trois conclusions précédentes *la synthèse des corps gras.*

On peut résumer l'étude qui précède en disant que la pratique de la fermentation est un mode avantageux de concentrer les aliments.

L'ensilage s'applique également bien à tous les fourrages verts, mélangés en plus ou moins grande proportion de paille hachée, de balles, cosses, siliques, ou de foin mal récolté. Les quatrièmes coupes de luzerne, trèfle, etc., les regains de pré qu'il n'est pas toujours possible de récolter à cause du mauvais temps, sont très-avantageusement conservés par ce procédé. Cette méthode est surtout excellente pour tirer parti des feuilles de betteraves. A l'état vert elles agissent comme purgatif quand elles sont données en trop grande quantité, tandis que par la fermentation elles forment un excellent fourrage additionnel pour les vaches.

C'est aussi pour la conservation des racines et des tubercules et de leurs résidus que cette pratique est avantageuse. Les pulpes pressées, les résidus de féculerie, de distillerie, traités par cette méthode, fournissent de grandes ressources au cultivateur. — Les betteraves conservées entières voient continuellement s'affaiblir leur teneur en protéine à mesure que l'on s'approche du printemps, par suite de la germination. En les hachant, les mélangeant avec suffisamment de paille hachée, et les mettant en fermentation comme on l'a dit plus haut, on leur conserve leur richesse jusqu'à la dernière limite, et même on l'accroît. Lorsque les betteraves sont gelées dans les champs, ou dans les silos ordinaires, on évite toute perte par la mise en fosse avant le dégel. De même, lorsqu'elles commencent à devenir malades, il n'y a rien autre chose à faire que de les faire fermenter. — Tout ce qu'on vient de dire de la betterave s'applique aussi à la pomme de terre. Un des plus grands écueils de la culture des pommes de terre, est évidemment la maladie qui les attaque. Eh bien ! par l'ensilage, les pommes de terre malades qui ne sont pas encore pourries se laissent parfaitement conserver.

Les avantages que procure cette méthode de conservation et de préparation des aliments sont donc, comme on le voit, considérables.

Cela établi, il nous reste deux mots à dire de la distribution des repas. Il est inutile d'insister sur la nécessité de les donner régulièrement, car chacun sait que la faim se fait toujours sentir aux heures des repas, et que la faim est une souffrance. Pour ce qui est de la fréquence des distributions, on sait d'une manière générale que les animaux monogastriques ont besoin de repas plus renouvelés que les autres. Ainsi, d'après M. Sanson, on pourrait donner comme modèle pour les premiers le mode suivi aux omnibus de Paris, où les chevaux font six repas; mais dans la culture, il n'est guère possible de les multiplier autant. J. Kühn donne le conseil de faire trois distributions aux ruminants, et de les espacer de façon que l'acte de rumination puisse parfaitement se faire dans les intervalles.

Étant posés ces principes généraux qui concernent purement l'animal, nous allons étudier les conditions générales qu'impose la *solution économique* du problème de l'alimentation, qui sont indispensables pour que celle-ci corresponde à ce qu'il y a de préférable au point de vue de la culture et de meilleur au point de vue du bénéfice.

La formule générale qui domine la question, et qui donne la solution toujours satisfaisante du problème de l'alimentation rationnelle ainsi que nous l'avons posé, consiste *dans la recherche constante d'un rapport parfait d'équilibre entre la situation économique et les aptitudes économiques du bétail.*

La situation économique étant le premier point à considérer, son étude doit précéder tout autre chose pour le cultivateur désireux de se livrer à une entreprise zootechnique. Elle comprend d'abord la considération des ressources que les circonstances de temps et de lieu peuvent offrir pour l'écoulement des produits, ou *le débouché*, et ensuite l'examen des ressources dont on peut disposer en matières premières ou aliments indispensables pour la production, ressources qui dépendent en général du système de culture suivi. C'est l'étude approfondie de ces deux genres de ressources qui détermine naturellement l'entreprise zootechnique à laquelle on doit se livrer ; l'aptitude spéciale que l'on doit exploiter chez les animaux en vue du profit. Toute opération animale autre que celle ainsi naturellement désignée est par là même fantaisiste, non conforme à la loi générale de l'équilibre entre la situation et les fonctions économiques, et en conséquence ne peut donner que des résultats malheureux pour l'exploitant.

La situation économique est une chose que l'on subit généralement d'une manière absolue, puisqu'elle est indépendante de notre volonté. Le débouché principalement est hors de notre atteinte, et nous devons régler nos spéculations d'après lui, et non vouloir le régler d'après elles. Il faut toujours produire ce qui est le plus demandé, sans s'arrêter à des préférences qui ne font de bien à personne, et finissent seulement par ruiner celui qui les nourrit. Lorsque l'on considère le débouché, il faut toujours se souvenir qu'il se compose de plusieurs facteurs dont les essentiels sont la distance du marché exprimée en temps d'une part et en argent de l'autre, par unité de poids ou de volume ; le prix courant de la production à laquelle on veut se livrer, déduction faite de tous les frais de transports ; et enfin l'amplitude du débouché, c'est-à-dire les limites d'offre supérieure et inférieure nécessaires pour produire la hausse et la baisse. — L'exploitant de machines animales doit, après s'être assuré que le débouché existe dans un sens ou dans un autre, considérer si les matières premières de la fabrication ne font pas défaut, et si l'on peut les avoir à un prix de revient tel que la spéculation reste avantageuse. Les ressources alimentaires sont plus sous notre dépendance que celles du débouché; car elles sont la conséquence du système de culture suivi. Si le système de culture du milieu ou l'on se trouve ne répondait pas exactement aux besoins que l'on ressent, il faudrait, avec une excessive prudence, le modifier lentement dans le sens reconnu nécessaire. C'est surtout en agissant graduellement sur la production fourragère que l'on peut arriver sûrement au maximum de productivité par unité de surface. En introduisant dans le système de culture triennal les plantes fourragères telles que la luzerne, le sainfoin, le trèfle, la minette, etc., le maïs-fourrage, qui donne d'énorme rendement pourvu qu'il soit bien fumé, les betteraves, les carottes et les pommes de terre ; le cultivateur a à sa disposition de très-grandes ressources alimentaires. Quant à ce qui est du choix à faire entre ces différentes plantes, il est nécessaire de considérer le sol et la plus ou moins grande difficulté d'avoir de la main-d'œuvre. Mais la solution de ce problème est du ressort de la phytotechnie et de l'agrologie. Quoi qu'il en soit, l'agriculteur doit supputer la quantité de protéine et de substances grasses dont il peut généralement disposer, et en déduire le poids de bétail qu'il peut exploiter dans tel ou tel but.

Il faut qu'à cet effet il médite les données qui vont suivre, et qu'il se souvienne que *ce n'est pas du nombre des animaux, mais de la richesse et de la bonté continuelle de leur alimentation, que dépend leur rendement.* Mais il n'est pas suffisant que l'agriculteur sache faire consommer ses produits de la façon la plus avantageuse ; il faut aussi qu'il cherche sans cesse à augmenter ses ressources alimentaires par certaines importations et exportations correspondantes de matières premières. Ici la mercuriale et la table de la composition des aliments sont les deux points de repère essentiels. Leur considération simultanée détermine quels sont les échanges qu'il convient d'opérer. Pour bien faire saisir combien la chose est importante au point de vue de l'alimentation rationnelle, considérons un cas particulier : celui par exemple d'une année où le foin est cher (1875). Soit le foin à 15 francs les 100 kilogr. et sa teneur en principes nutritifs de 8 kilogr. 5 de protéine, 3 kilogr. de substances grasses ; soit les tourteaux de colza à 19 francs le quintal d'autre part, et leur teneur de 28, de protéine et 9,5 de substances grasses. Si l'agriculteur vend alors 100 kilogr.

de foin, il peut acheter avec le prix de la vente 78 kilogr. de tourteaux. Il accroît ainsi par chaque quintal vendu ses ressources alimentaires de

21 kilogr. 8 — 8 kilogr. 5 = 13 kilogr. 3 protéine,
7 kilogr. 4 — 3 kilogr. 0 = 4 kilogr. 4 graisse,

quantité qui correspond approximativement à la quantité nécessaire à 7 rations pour animaux de 500 kilogr.

La considération de la digestibilité vient encore ici montrer tout l'avantage de la spéculation, puisque le foin ne livre que 60 0/0 de la protéine qu'il contient, tandis que le tourteau de colza en livre 70 et peut même aller jusqu'à 90.

Il est vrai que dans le cas présent il y a déficit de matières non azotées, hydrates de carbone ; mais l'affaire n'en est pas moins très-avantageuse, puisque la paille et les betteraves, et le maïs et les pommes de terre sont là pour les fournir, et en même temps pour donner le volume à la ration, à un prix bien moins onéreux.

Au point de vue purement agricole, ce mode d'agir est excessivement avantageux, car non-seulement la masse du fumier se trouve augmentée, mais sa richesse minérale se trouve élevée dans de notables proportions. Ainsi l'excédant d'acide phosphorique est pour le cas qui nous occupe de

1 kilogr. 497 — 0 kilogr. 340 = 1 kilogr. 157.

Ainsi, à tous les points de vue, cette substitution est avantageuse dans le cas spécial où nous nous sommes placés. Mais cette combinaison n'est pas la seule possible, il s'en présente à tout moment d'analogues, et l'agriculteur doit les saisir avec avidité. C'est surtout à l'aide de ces exportations et de ces importations combinées, que l'on peut rapidement parvenir à l'établissement d'une culture très-intensive, sans risquer d'enfouir ses capitaux dans des tentatives irraisonnées d'améliorations foncières.

Telles sont, dans l'alimentation rationnelle du bétail, les considérations économiques qui doivent être prises pour guides. L'agriculteur doit toujours être à la recherche des matières premières qui, pour un moindre prix, peuvent donner une plus grande somme de produits animaux. Il ne doit pas s'arrêter à ces considérations d'habitude, qui sont malheureusement trop ancrées dans le cerveau de certains exploitants; il ne doit avoir qu'une chose en vue pour sa fortune particulière et la fortune publique : c'est le *bénéfice net.*

C'est maintenant de ce criterium que nous allons chercher la détermination, en disant quelques mots de la comptabilité zootechnique, qui doit éclairer de ses lumières toute opération de ce genre. Toute entreprise zootechnique a un débit et un crédit. Mais chacun de ces deux comptes est lui-même divisé en deux parties: la partie « espèces » et la partie « matières. »

La partie «espèces » du débit renferme toutes les dépenses que l'on a faites en argent, la valeur d'achat des animaux au commencement de l'opération, les gages des personnes qui les soignent, l'intérêt et l'amortissement du matériel, etc., etc.

La partie « matières » contient toutes les quantités d'aliments consommés qui n'ont point été achetés, qui sont des productions du domaine, et dont la valeur ne peut pas être déterminée *a priori*.

De même, au crédit, on note à la partie « espèces », tous les produits de l'opération qui sont réalisables;

ceux qui sont consommés par le personnel de l'exploitation doivent être évalués d'après le prix courant, car le but de la production agricole, quelle qu'elle soit, est la consommation de l'homme ; quant au travail, on doit aussi évidemment l'évaluer au prix que l'on devrait payer pour l'avoir. A la partie « matières » s'inscrit le fumier.

Si le compte se balance finalement par un excédant de la partie espèces du crédit sur la partie espèces du débit, la différence représente le prix auquel l'entreprise paye les matières consommées, produites sur le domaine. Pour que le problème ait une solution convenable, il faut que, dans ce cas, la différence notée soit au moins égale à ce que le marché eût payé la partie de la consommation non achetée. Alors le fumier ne coûte rien au cultivateur. Plus l'excédant est fort, plus l'entreprise est bonne et a été bien conduite. Dans tous les autres cas, la solution du problème est mauvaise.

On pourrait s'étendre davantage sur ce sujet, mais les points essentiels sont éclaircis, et aussi bien le lecteur, qui nous a suivi jusqu'ici, est impatient de voir l'application de nos principes aux buts différents que présente la spéculation zootechnique.

II

Rations d'élevage.

Le problème de l'élevage consiste à déterminer, dans le moins de temps possible, le développement complet du jeune animal, et à accroître chez lui au plus haut degré l'aptitude d'utilisation des aliments, ou, en d'autres termes, la puissance digestive. Ces deux choses sont, du reste, corrélatives, et ne s'obtiennent jamais l'une sans l'autre, car la précocité dénote avant tout une très-grande faculté assimilatrice. Et ce n'est pas une petite affaire que de pouvoir utiliser un animal dans tel ou tel but, six mois ou un an plus tôt que dans les conditions ordinaires. Loin de là, car l'on a le bénéfice de toutes les rations qui auraient été consommées dans cet intervalle ; et, avec ces rations, on peut augmenter la production animale de l'exploitation.

C'est donc la précocité qu'il faut avoir toujours en vue dans l'élevage, et la précocité des équidés aussi bien que celle des ruminants. On a tort, selon nous, d'appliquer de préférence la qualification de précoces aux animaux façonnés dans le sens de la production de la viande et de la graisse ; la même dénomination peut servir à qualifier les machines animales motrices. Qu'est-ce, en effet, que la précocité, sinon la qualité que possède un animal d'arriver à son complet développement avant le temps qui est reconnu généralement nécessaire pour que celui-ci soit parfait? Cette époque de perfection du développement est caractérisée scientifiquement par l'achèvement du squelette; et le criteriun est la soudure de toutes les épiphyses des os longs (leurs extrémités articulaires), avec la diaphyse, ou corps de ces mêmes os. Sur l'animal vivant, la marche du développement du système osseux est donnée par l'évolution dentaire; c'est lorsque la dentition permanente est complétement achevée que l'animal est arrivé à l'âge adulte. D'après cela, il est facile de comprendre que la qualification de précoces doit s'appliquer à tous les animaux qui ont le caractère essentiel de cette qualité, quel que soit le genre auquel ils appartiennent, et quelles que soient aussi les aptitudes que l'on ait cherché à développer en eux. La précocité, chez le cheval, a autant d'importance que chez le ruminant, car il n'est pas indifférent qu'un cheval soit fait et complétement propre au service à quatre ans au lieu de cinq; la seule différence qu'il y ait, c'est que les aptitudes développées corrélativement ne sont pas les mêmes. Chez le premier, la gymnastique de la fonction de nutrition qui donne le développement hâtif, la haute puissance digestive, doit marcher de front avec la gymnastique des fonctions de relation qui engendre l'aptitude au travail, à la production de la force, au mouvement. Tandis que chez l'autre, la gymnastique des fonctions de nutrition doit être seule mise en jeu, pour que, d'après la loi du balancement organique, les aptitudes qui en découlent soient, à l'exclusion de toutes les autres, poussées à leur suprême degré : ici, c'est le repos érigé en système, le repos au sein de l'abondance.

Pour le cheval, au contraire, c'est l'activité, l'exercice raisonné au sein de l'abondance, qui s'impose comme unique méthode rationnelle d'élevage.

Par conséquent, les rations d'élevage doivent être avant tout des rations de précocité. C'est seulement en examinant la théorie de celle-ci, que nous arriverons certainement à poser la pierre angulaire de l'alimentation rationnelle des élèves. Examinons d'abord comment les choses se passent à l'état de nature.

Les animaux en liberté trouvent pendant la belle saison une alimentation abondante, riche en principes immédiats azotés et gras d'une digestion facile, et en hydrates de carbone, rapidement assimilables, au milieu des pâturages spontanés de la nature ; c'est tout l'opposé dans la saison d'hiver : ils ne trouvent plus alors que des herbes mortes sur pied, dures et très-peu riches par suite des phases végétatives par où elles ont passé ; leur alimentation est peu abondante et chétive : les matières azotées et les substances grasses ne s'y rencontrent qu'en très-faible quantité, et encore elles y sont d'une difficile digestion ; quant aux hydrates de carbone, ils sont en majeure partie lignifiés. Ainsi la disette succède à l'abondance.

Pendant la belle saison, la croissance de l'individu est rapide ; par suite de l'abondance des matériaux de leur constitution, tous les tissus sont le siége d'une active formation de cellules, et le tissu osseux s'accroît vite aussi, car nous savons que ce sont toujours les rations riches en protéine qui renferment beaucoup d'acide phosphorique (1re partie, II, C, tableau). Alors donc le squelette se forme et se complète. Durant la disette qui suit au contraire, l'animal n'a que juste le nécessaire pour l'entretien de sa vie, car son alimentation, pauvre en protéine, est aussi pauvre en acide phosphorique. Si, dans cette période, l'animal ne dépérit pas, il reste au moins stationnaire.

Quelque chose d'analogue, du reste, se passe encore dans beaucoup d'exploitations rurales : pendant toute la saison des fourrages verts et des bons pâturages, les animaux regorgent d'une nourriture riche et facilement assimilable ; et lorsqu'arrive la mauvaise saison, on les *hiverne* avec de la paille comme unique nourriture. Les animaux, certes, n'en meurent pas; mais est-il économique de gaspiller ainsi le temps qui passe si vite et ne revient jamais ?

Quoi qu'il en soit, avec un pareil genre d'alimentation, les animaux qui nous intéressent en première ligne mettent cinq années pour parfaire leur charpente osseuse, pour compléter leur dentition permanente.

Mais si, à ce régime où se succèdent presque également l'abondance et la disette, le développement rapide et la cessation de croissance, on en substitue un autre uniformément bon et en concordance harmonieuse avec les besoins de l'animal, le développement de l'organisme suit une marche régulière en rapport avec l'abondance des matériaux dont il dispose, et l'on ne remarque plus aucun temps d'arrêt dans la croissance des individus. Si donc, du nombre d'années nécessaires au développement du sujet dans l'état naturel, on retranche les temps d'arrêt occasionnés par la disette, en faisant disparaître celle-ci, on a pour reste trois années, parce qu'en cinq ans, il y a généralement vingt-cinq mois d'hiver. L'étude des races perfectionnées montre que l'on est arrivé pratiquement à ce résultat théorique.

Ainsi, l'élevage rationnel, pour atteindre son but économique, doit fournir constamment une alimentation en exacte harmonie avec un développement rapide et continu. Et une telle alimentation est à juste titre dite riche, bonne, et justement abondante. Cette définition était ici nécessaire, car il importe de ne pas rester dans le vague des mots généraux. En effet, combien de cultivateurs s'étonnent des résultats souvent négatifs qu'ils obtiennent, qui s'imaginent nourrir parfaitement leurs animaux. C'est que, pour se prononcer sur la qualité d'un régime, ils ne demandent pas l'avis de ces derniers, et ne considèrent souvent que d'une façon très-secondaire le but qu'ils se proposent d'atteindre, ignorant qu'une ration ne peut être avantageuse qu'à la condition d'avoir une qualité et une richesse parfaitement harmoniques et avec les besoins des animaux d'une part, et avec les produits qu'on en veut obtenir d'autre part.

Étant donc bien établi que l'on se propose dans l'élevage d'obtenir un développement rapide de l'individu dans le sens des spéculations ultérieures, il nous faut rechercher quelles sont les conditions indispensables à la formation rapide des tissus. Or, nous avons vu plus haut (1re partie, I) que la formation et le développement rapide de toutes les formes élémentaires qui constituent tous les tissus de l'organisme, est surtout dépendante de l'abondance des matériaux protéiques et des substances grasses parmi les matières organiques, et de l'acide phosphorique et de la chaux parmi les substances minérales ; ces dernières étant avant tout indispensables à la formation du squelette (1re partie, I, D, tableau). Donc une ration riche et abondante et bonne dans le sens de l'élevage, doit renfermer abondamment toutes ces substances, tous ces matériaux de l'édification animale, et les renfermer de qualité telle qu'ils soient dans la plus grande proportion possible facilement assimilables. Or l'on sait que la digestibilité des matières protéiques et des autres est une variable dépendante d'un grand nombre de circonstances, dont les plus importantes, celles qui absorbent pour ainsi dire toutes les autres, sont les relations qui existent entre les principes constituants de la ration. Ce sont donc, d'après ce que l'on a vu dans la première partie, les relations digestives et adipo-protéiques que l'on doit considérer en première ligne, sans laisser de tenir compte aussi de la relation qui existe entre les glucosides et le ligneux.

Pour ce qui est de la quantité d'un mélange scientifiquement établi, que l'on doit distribuer quotidiennement par chaque tête de bétail, disons tout d'abord qu'elle ne doit jamais être assez considérable pour que l'animal en laisse. Le poids nécessaire pour le rassasier sans aller jusqu'à complète satiété est la limite supérieure. En thèse générale, il est avantageux de déterminer ce point par l'observation directe, mais aussi bien que l'on ne peut pas demander pareille chose à un aide rural quel qu'il soit, il est également difficile à l'agriculteur lui-même de le faire, à cause de ses occupations multiples. Selon nous, ce qu'il y a de mieux à faire dans une telle conjoncture, c'est de prendre pour base les rapports d'aliments au poids vif qui ont été déterminés en Allemagne à l'aide d'un nombre considérable d'expériences ; et pour contrôler, d'employer souvent la balance, qui seule peut donner le criterium en ces choses.

Dans l'élevage toutefois, il faut avoir soin d'éviter

un trop grand état d'engraissement, et lorsqu'un pareil cas se présente il est bon de diminuer un peu la ration journalière, et surtout d'augmenter fortement son dosage en acide phosphorique et en chaux.

Au point de vue du développement de la précocité, il est bon de laisser l'animal au régime du lait aussi longtemps que possible. L'époque normale du sevrage complet est indiquée par le complet développement de la dentition caduque. C'est par des considérations économiques que l'on devance généralement cette époque, et c'est principalement en pareil cas que la constitution de la ration a une influence majeure sur le développement et aussi surtout sur l'aptitude digestive de l'animal. Pendant cette première période, il est surtout besoin de bien veiller à ce que rien ne manque au jeune sujet et que tout ce qu'on lui donne soit bien approprié à la disposition de ses organes, car chaque défaut dans l'alimentation de cette époque a des conséquences considérables sur le développement futur du jeune individu.

La nature pourvoit elle-même par le lait de la mère aux besoins du jeune animal pendant les premiers temps de la vie extra-utérine. Si nous voulons avoir des données certaines sur la manière dont les rations doivent être constituées pendant la période de l'allaitement normal, que l'on raccourcit systématiquement en vue d'une autre utilisation, c'est dans la connaissance du lait qu'il faut aller les chercher.

Nous avons, dans ce but, réuni dans le tableau suivant la composition des différents laits. Les deux dernières colonnes comprennent les dénominateurs des relations digestive et adipo-protéique.

	PROTÉINE.	MATIÈRES grasses.	LACTOSE.	SELS.	EAU.	MATIÈRE sèche.	RELATION digestive.	RELATION adipo-protéique.
							P : H = 1 :	Gr : P = 1 :
Brebis, *Chevallier et Henry*	4,5	4,2	5,0	0,68	85,62	14,38	2,04	1,07
Chèvre, *Bouchardat et Quevenne*.......	4,4	4,2	4,9	0,53	85,97	14,03	2,06	1,04
Vache (*moyenne de 8 analyses par C. V. G.*)	3,87	5,14	3,94	0,85	86,2	13,8	2,3	0,75
Jument, *Doyère*	2,22	0,87	4,90	0,41	91,6	8,4	2,59	2,55
Anesse, *Vernois et Becquerel*	2,77	1,85	5,84	0,53	89,01	10,99	2,78	1,49
Moyennes..........................	»	»	»	»	87,68	12,32	2,35	1,38

Les matières minérales du lait ne sont pas détaillées dans le tableau précédent, par suite du manque de matériaux. Voici les renseignements que nous avons pu recueillir à cet égard concernant le lait de vache :

D'après Regnault (*Cours de Chimie*, 1850, t. IV, p. 464) 100 grammes de lait contiennent :

Phosphates de chaux, de magnésie, de fer et de soude	0 gr. 2232
Chlorure de sodium et carbonate de soude..	0 1465

Haidlen (*Annalen der Chem. u. Pharm., Band.* XLV) indique pour 100 parties de lait :

Phosphate de chaux, de magnésie, de fer	0 gr. 280 à 0 gr. 415
Chlorures de sodium et potassium, soude	0 210 à 0 262

Les tables de Th. v. Gohren donnent les nombres suivants pour 100 grammes de matière sèche :

Acide phosphorique anhydre	1 gr. 388
Chaux	1 066
Magnésie	0 149
Oxyde de fer ($Fe^2 O^3$)	0 026

L'analyse des cendres qui ont résulté de nos expériences sur le lait de vache, nous a donné 30,9 d'acide phosphorique pour 100 de cendres. En rapportant ce nombre à 100 de lait on obtient la proportion :

Acide phosphorique 0/0 de lait.......... 0 gr. 26

En rapportant ce nombre à 100 de matière sèche la proportion devient :

Acide phosphorique 0/0 de matière sèche. 1 gr. 87

Ce nombre est un peu plus fort que celui des tables

de Gohren, cela peut tenir à différentes causes, et particulièrement selon nous, au mode d'incinération employé, et à la méthode de dosage.

Comme on voit, les données qui précèdent, surtout sur les matières minérales, ne sont pas encore bien complètes, mais on peut cependant en tirer des points de repère importants pour la pratique.

Ainsi le tableau nous montre que, dans le commencement de la période dite de l'allaitement normal, la ration journalière doit renfermer une quantité de matière sèche variant de 8 à 15 0/0 de son poids, et de 13 en moyenne, en prenant des nombres ronds ; que la relation digestive $\left(\frac{\text{Protéine}}{\text{Mat. hydro - carbonées}}\right)$ est en moyenne 2,35, soit 2 en nombre rond, et que la relation adipo-protéique $\left(\frac{\text{Matière grasse}}{\text{Protéine}}\right)$ est 1,38 ; quant au ligneux, il n'y en a point alors et le rapport

$$\left(\frac{\text{Glucosides}}{\text{Ligneux}}\right) = \frac{\text{un nombre déterminé}}{0} = \infty$$

c'est-à-dire *l'infini ;* c'est un rapport infiniment grand.

Ces rapports doivent varier durant la période; ils doivent tous s'affaiblir graduellement, et l'on peut, par l'observation, indiquer les extrêmes qui sont aussi les premiers de la période suivante.

Une remarque qui doit faciliter beaucoup l'utilisation des relations précitées dans la pratique de l'alimentation, et qui tend à confirmer qu'elles sont l'expression d'une loi naturelle, c'est que toutes trois elles suivent graduellement une marche descendante analogue. Les points d'arrêts fixés pour chaque période ne sont pas d'une fixité absolue, pas plus que les périodes elles-mêmes, que l'on doit faire plus ou moins fléchir suivant les animaux et le but que l'on veut atteindre; mais la loi générale qui préside à l'alimentation n'en est pas moins nette et moins absolue. Dans tout ce qui va suivre, on en verra une application rigoureuse, et même dans l'engraissement, où il semblerait tout d'abord que la loi est retournée, on n'en fait au contraire qu'une application rationnelle. L'engraissement, en vérité, n'est pas une formation naturelle, mais le développement d'un état anormal d'accroissement chez l'individu. Pour obtenir cette marche irrégulière de l'organisme, on retourne la loi elle-même, et l'on ne fait qu'appliquer là ce que la loi indique : que la formation des tissus est en rapport direct avec l'élévation des rapports.

Donc la loi de l'abaissement des rapports doit être considérée comme la base fondamentale de l'alimentation rationnelle et économique du bétail.

En se reportant à ce que nous avons dit de la marche générale de ces relations dans le chapitre précédent, on voit que, dans l'ordre naturel des choses, la relation digestive est à la fin de la première période $= \frac{1}{3}$. Le rapport adipo-protéique doit descendre à $\frac{1}{2}$ d'après des études expérimentales. Quant au ligneux, sa proportion doit être assez minime pour qu'il n'en soit pas tenu compte encore.

Avec les données qui précèdent, on peut établir parfaitement la composition du mélange alimentaire, en se rapprochant d'autant plus du minimum que la dentition avance davantage, puisque la dentition est le criterium du développement. Mais il faut toujours veiller à ce que la quantité d'acide phosphorique et de chaux soit abondante, et, au besoin, comme on l'a vu plus haut, on doit ajouter de la poudre très-fine d'os et de phosphates minéraux.

En donnant à volonté d'un mélange d'aliments bien constitué d'après ces bases positives, on obtient un fort bon rendement des matières premières employées. Mais la méthode d'affouragement à volonté employée par des aides peu intelligents, comme beaucoup de ceux dont on dispose dans la culture, ne donne pas toujours des résultats satisfaisants, à cause du gaspillage qui se fait. C'est pourquoi les points de repère qui vont suivre, sans avoir une fixité en rapport avec la loi des relations, n'en ont pas moins, dans l'application, une valeur remarquable.

Ces points de repère généraux, résultats d'expériences directes très-nombreuses, faites en France et en Allemagne surtout, servent à déterminer pondéralement les rations alimentaires, et permettent ainsi de substituer au régime de l'alimentation rationnelle *à volonté*, qui est le desideratum, le régime évidemment moins bon, mais incontestablement plus facile à appliquer, dans l'état actuel de la production du bétail, des rations proportionnelles au poids vif.

Cela posé, l'expérimentation a démontré qu'à cette époque de la vie, l'animal avait besoin, pour un développement moyen, d'une quantité de matière sèche oscillant autour de 2 kilogr. par quintal vivant. En outre, il doit se trouver dans la ration journalière, par rapport au même poids, 0 kilogr. 600 à 0 kilogr. 700 de protéine. Les matières grasses et les glucosides doivent se calculer d'après les relations. L'expérience a donné du reste des résultats presque identiques.

Lorsque des considérations économiques ne s'y opposent pas, le meilleur est de prendre à cette époque le lait et les résidus de laiterie comme base d'alimentation pour ce qui concerne spécialement les bêtes bovines. On remplace graduellement le lait pur par le lait écrémé bouilli et tiède, puis du lait caillé et du lait de beurre; ensuite on introduit dans l'alimentation de bons tourteaux de graines oléagineuses délayés dans de l'eau tiède, des farines de pois, de féverolles, etc., du son également en boissons tièdes, et vers la fin de la période, on commence à ajouter du très-bon regain de pré et du foin riche en arome.

Pour ce qui regarde les moutons, il ne peut pas être évidemment question de les prendre chacun à part pour leur faire absorber leur repas ; mais on peut se servir d'une disposition très-simple permettant d'arriver au même résultat sans aucune difficulté. Cela consiste à réserver dans l'un des bouts de la bergerie un espace suffisant, que l'on garnit de crèches d'une hauteur convenable.

Dans la cloison de séparation, faite en claies ordinaires, on ménage, au moyen d'une claie spéciale, une série d'ouvertures (0) telles que les petits agneaux seuls puissent passer, à l'exclusion des brebis. On peut fermer les ouvertures au moyen d'une claie de même grandeur que l'on place devant. A l'aide de cette simple disposition, la pratique d'une alimentation rationnelle devient plus commode. En effet, on dispose dans les crèches les aliments complémentaires de l'allaitement, que l'on poursuit aussi longtemps que possible, et les agneaux, quand on ouvre la porte, viennent d'eux-mêmes prendre leur repas. Pour faire un sevrage méthodique ce moyen est aussi excellent parce qu'il permet de ne laisser les agneaux avec leurs mères que pendant le temps qu'on veut.

Pour les agneaux, en général, on n'emploie pas les résidus de laiterie, bien que cela puisse se pratiquer

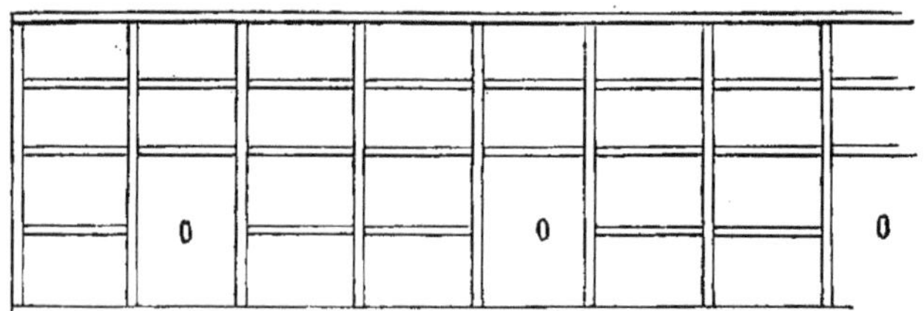

Claie destinée à laisser le passage aux agneaux.

dans quelques conditions exceptionnelles. C'est aux tourteaux, aux sons, aux farines que l'on a recours, puis au bon regain.

Une disposition analogue à la précédente peut être employée avantageusement pour l'élevage du cheval. Pour que le jeune sujet se développe convenablement, il est essentiel de le laisser en liberté dans une boxe avec sa mère, et dans ce cas la boxe supplémentaire nous paraît aussi très-bonne, parce qu'elle permet de régler l'alimentation avec toute la précision que l'on peut désirer. — Au jeune cheval on donne des boissons tièdes de temps en temps, des féverolles et des pois concassés, un peu de bons tourteaux, du son et de l'avoine. A la fin encore on donne du bon foin. Tous les grains doivent être concassés, et le foin est avantageusement haché et mélangé avec les premiers.

La loge supplémentaire s'emploie également et procure d'incontestables avantages dans l'élevage des petits gorets.

A l'époque du sevrage, dans la vie de nature, le petit, que sa mère repousse, se nourrit des jeunes herbes de la prairie, pousses très-aqueuses et très-riches. C'est donc dans la connaissance chimique de ces herbes que l'on doit rechercher les rapports convenables entre les éléments nutritifs nécessaires dans la deuxième période. Nous savons que leur relation digestive est $\frac{1}{3}$; leur rapport adipo-protéique est $\frac{1}{2}$ à $\frac{1}{3}$, et le rapport des glucosides ou ligneux $\frac{1}{0,2}$ à $\frac{1}{0,4}$. A mesure que les animaux se développent, les rapports précédents doivent tous faiblir régulièrement pour atteindre, lors du développement complet, les valeurs qu'ils ont dans le foin de prairie naturelle de qualité moyenne. Celui-ci est en effet l'ALIMENT NATUREL des animaux herbivores qui nous intéressent, ainsi que le remarque très-judicieusement M. André Sanson.

Le tableau suivant donne la composition du foin de pré de qualité moyenne, d'après divers analystes.

	ANALYSTES.						MOYENNES.
	Tables de J. Kühn.	Émile Wolff.	Laves et Gilbert.	Lehmann.	Boussingault.	Ch. Garola.	
Eau	14,3	14,3	16,33	»	13,0	13,0	14,2
Matière sèche	85,7	85,7	83,47	»	87,0	87,0	85,8
Protéine	8,5	8,2	8,87	»	7,2	9,3	8,4
Matières grasses	3,0	2,0	2,58	»	3,8	3,04	2,9
Glucosides	38,3	39,3	42,08	»	44,4	67,8	41,0
Ligneux	29,3	30,0	23,9	»	24,4		26,8
Cendres	6,6	6,2	6,26	»	7,6	6,9	6,7
Relation digestive	1 : 8,2	1 : 8,7	1 : 7,7	»	1 : 10	1 : 7,6	1 : 8,64
Relation antipo-protéique	1 : 2,8	1 : 4	1 : 3,4	»	1 : 2	1 : 3,06	1 : 3,22
Rapport des glucosides au ligneux	1 ; 0,76	1 : 0,76	1 : 0,57	»	1 : 0,55	»	1 : 0,66
Acide phosphorique	»	0,53	»	0,330	0,337	»	0,399
Chaux	»	1,35	»	1,001	1,004	»	1,115

Les rapports alimentaires correspondant à l'âge adulte sont donc :

1° *Relation digestive* $= \frac{\mathrm{P}}{\mathrm{H}} = \frac{1}{8}$ à $\frac{1}{9}$ en moyenne et variable de $\frac{1}{7}$ à $\frac{1}{10}$.

2° *Relation adipo-protéique* $= \frac{\mathrm{G}}{\mathrm{P}} = \frac{1}{3}$ en moyenne ; maximum $\frac{1}{2}$, minimum $\frac{1}{4}$.

3° *Rapport des glucosides au ligneux* $= \frac{\mathrm{G}l}{\mathrm{L}} = \frac{1}{0,7}$ en moyenne, oscillant entre les limites 1 : 0,55 et 1 : 0,76.

Il suit de là que durant les deux périodes de l'élevage qui nous occupent, les trois relations doivent passer de $\frac{1}{3}$ à $\frac{1}{8,5}$; $\frac{1}{2}$ à $\frac{1}{3}$; $\frac{1}{0,4}$ à $\frac{1}{0,7}$.

L'évolution dentaire doit servir de base pour la rapidité de l'abaissement des relations.

La deuxième période de l'élevage, qui commence, nous l'avons vu, lorsque la dentition caduque est parfaitement achevée, se prolonge jusqu'à l'apparition des pinces permanentes, et les relations finales sont :

$$\frac{H}{P}=\frac{1}{5};\ \frac{Gr}{P}=\frac{1}{2,5};\ \frac{Cl}{L}=\frac{1}{0,4 \text{ à } 0,6},$$

suivant que l'on considère les équidés ou les ruminants.

D'après les expérimentateurs allemands, la quantité de matière sèche doit passer de 2 à 3,5 par quintal vivant, pour les ruminants. Pour ce qui regarde les chevaux, on doit se tenir entre 2 et 3, vu la petite capacité relative de leur estomac.

La proportion de protéine et de graisse par quintal vivant doit, au contraire, aller en décroissant. — De 0,45 à 0,40 de protéine qu'il faut donner à l'origine, on doit descendre à 0,30 et 0,25.

Tous ces résultats numériques, systématiquement groupés dans le tableau ci-joint, permettent de suivre la marche générale de l'alimentation pendant l'élevage. Du reste, on ne saurait trop insister sur la valeur de ces données et surtout au sujet de la manière dont elles doivent être interprétées. Comme nous l'avons déjà tant répété, à propos des coefficients de digestibilité, l'on ne doit considérer ces nombres que comme d'utiles points de repère. On ne doit point les considérer comme des bases tout à fait invariables et absolues, car un problème aussi complexe que celui dont nous nous occupons en ce moment n'admet pas de solution absolue. Mais ce qu'il y a d'immuable, c'est la loi de l'abaissement progressif des relations depuis la naissance jusqu'à l'âge adulte, et il n'en peut être autrement, à cause de la manière dont s'opère l'accroissement des individus. L'activité des formations organiques est en raison de l'âge considéré, et se montre d'autant plus grande que celui-ci est plus tendre.

Marche générale de la loi des rapports.

PÉRIODES.	PAR QUINTAL VIVANT. Matière sèche. Ms	PAR QUINTAL VIVANT. Protéine. P	RELATION digestive. P : H	RELATION adipo-protéique. Gr : P	GLUCOSIDES. / LIGNEUX Gl : L
1re	2,0	0,70	1 : 2	1 : 1	∞
	Λ	0,50	1 : 3	1 : 2	
2e		0,45	∨	∨	∨
		0,40	1 : 5	1 : 2,5	1 : 0,4 et 0,6
3e		0,30	∨	∨	∨
	3 et 3,5	0,25	1 : 8,5	1 : 3	1 : 0,7

Dans ces deux périodes de l'élevage, il faut avoir toujours l'œil ouvert sur la richesse minérale de la ration, et surtout sur la quantité d'acide phosphorique et de chaux contenue dans les aliments ; en cas de défaut ou de quantité trop faible, il faut en ajouter à la ration quotidienne sous forme de poudre très-fine que l'on donne dans une buvée, ou que l'on mélange avec les fourrages. Pour ce qui regarde la chaux, on doit examiner, avant d'en donner sous forme minérale pulvérulente, si l'eau des boissons n'en contient pas en dissolution une quantité notable, car, dans le cas de l'affirmative, l'addition serait inutile.

C'est dans l'alimentation d'élevage plus que dans

toute autre que la plus parfaite régularité doit sans cesse régner. Il faut un régime riche en éléments formateurs des tissus, mais un régime uniformément bon. Tout changement brusque doit être évité avec le plus grand soin, car c'est principalement du succès de l'alimentation dans les premiers âges que dépend la réussite de toute exploitation subséquente. Les repas doivent être parfaitement réglés, et aussi fréquents que le comporte le genre d'animaux dont on s'occupe. Nous avons vu plus haut quels sont les inconvénients des changements de rations faits sans méthode, et l'on sait également les troubles apportés par l'insuffisance des rations. Or, jamais une quantité abondante d'aliments ne peut réparer une formation organique défectueuse, résultat de perturbations antérieures. Comme nous l'avons fait remarquer dès le commencement de cette seconde partie, il ne peut pas être question d'entretien dans l'élevage. Il est impossible aux animaux qui se développent de s'arrêter dans leur marche ascendante; ils doivent monter, s'accroître, se développer, et si les éléments nécessaires font défaut, ils ne peuvent rester stationnaires, il leur faut déchoir et devenir rabougris.

Lorsque la situation économique indique l'élevage comme entreprise zootechnique à suivre, il faut toujours se souvenir que le but que l'on doit avant tout poursuivre est le bénéfice. Il faut, dans le choix des aliments, toujours rechercher celui qui coûte le moins cher relativement à sa valeur nutritive. C'est en grande partie du choix des aliments, au point de vue de la qualité et du prix, que dépend la solution économique du problème. Mais, en général, l'élevage rationnel des animaux est surtout avantageux lorsque l'on a pour but d'exploiter soi-même les produits que l'on a obtenus; car encore aujourd'hui dans ces contrées de l'Est, la généralité des acheteurs s'occupent trop peu des hautes aptitudes économiques et de la puissance d'utilisation des fourrages chez les animaux.

Quoiqu'il en soit, l'élevage est toujours d'autant plus avantageux dans une condition donnée, qu'il est mieux conduit en vue du but final que l'on recherche. Lorsque l'on élève pour exploiter ensuite, on ne saurait trop chercher à développer la puissance digestive ; il faut alors tendre toujours vers le maximum, et ne pas reculer devant l'emploi de rations plus intensives quoique plus chères, car l'avenir payera au centuple ces premières dépenses.

ÉTABLISSEMENT D'UN RÉGIME COMPLET D'ÉLEVAGE DU MOUTON.

1re, 2e, 3e périodes.

On laisse les agneaux teter leurs mères pendant toute la première période de l'élevage, qui dure en général de 3 à 4 mois. On commence aussitôt qu'ils sont un peu forts, dès qu'ils ont atteint 15 à 21 jours, à leur distribuer, dans leur case séparée, un mélange formé de substances égrugées et faciles à manger par conséquent, en rapport avec leurs besoins. On peut par exemple employer un mélange contenant par 100 kilogrammes :

ALIMENTS BRUTS.		PROTÉINE.	GRAISSE.	GLUCOSIDES.	LIGNEUX.
Tourteau de coton décortiqué	45k,5	18,6	7,5	7,2	4,1
Son de froment	45k,5	6,4	1,7	32,9	0,2
Graine de lin broyée	9k,0	1,9	3,3	1,6	0,7
Total	100k,0	26,9	12,5	41,7	5,0

Relation digestive $\frac{P}{H} = \frac{26.9}{12,5 + 41,7 + 5} = \frac{1}{2,2}$.

Relation adipo-protéique $\frac{Gr}{P} = \frac{12,5}{26,9} = \frac{1}{2,1}$.

Rapport des glucosides au ligneux $\frac{Gl}{L} = \frac{41,7}{5} = \frac{1}{0,12}$.

Ce mélange se rapproche, autant que cela est possible dans la pratique, des données théoriques précédentes, et vouloir une approximation plus grande serait complétement illusoire.

On donne de cette provende à volonté aux agneaux, pendant un certain temps; et vers le 30me jour du régime (qui correspond environ du 45me au 60me depuis la naissance moyenne), on commence à introduire de bonnes betteraves globes jaunes, par exemple, dans l'alimentation. On a soin de les découper très-finement et de les mélanger avec les autres aliments. On diminue peu à peu, et d'une manière rationnelle, la proportion de son jusqu'à une certaine limite, à partir de laquelle on ajoute graduellement du regain haché simultanément avec les betteraves, et le retranchement du son. En suivant cette marche raisonnée dans le changement des aliments, on amène graduellement l'alimentation en rapport avec les besoins constamment changeants des jeunes organismes que l'on développe. Leur accroissement marche avec une parfaite régularité, sans aucun temps d'arrêt, et la puissance digestive se trouve toujours utilisée à son maximum. Dans de telles circonstances, l'alimentation se trouve toujours payée à un taux élevé, puisqu'il n'y a aucune perte, aucun gaspillage, et que la machine animale fonctionne à son plus haut degré d'intensité.

Lorsque les agneaux ont atteint la deuxième période (3 à 4 mois), les changements graduels et continus que l'on a opéré dans les aliments ont altéré la constitution centésimale du mélange qui alors, quand on a marché avec sagesse, se trouve composé ainsi qu'il suit :

POIDS BRUT DES ALIMENTS.		PROTÉINE.	GRAISSE	GLUCOSIDES.	LIGNEUX.
Tourteau de coton décortiqué	$20^k,0$	8,2	3,3	3,2	1,8
Graine de lin broyée	$3^k,9$	0,85	1,44	0,7	0,3
Betteraves, globes jaunes	$57^k,0$	2,05	0,17	15,7	0,6
Regain haché	$19^k,1$	1,80	0,59	8,0	4,5
Total	$100^k,0$	12,90	5,30	27,6	7,2

Relation digestive $\frac{P}{H} = \frac{12,9}{5,5 + 27,6 + 7,2} = \frac{1}{3,1}$.

Relation adipo-protéique $\frac{Gr}{P} = \frac{5,5}{12,9} = \frac{1}{2,3}$.

Rapport des glucosides au ligneux $\frac{Gl}{L} = \frac{27,6}{7,2} = \frac{1}{0,26}$.

C'est pendant le dernier mois de la période qu'on commence le sevrage qui se conduit sans aucune secousse en diminuant tous les jours davantage le temps de leur séjour avec les brebis.

Le mélange-type précédent, conforme aux besoins de l'origine de la seconde période, doit être insensiblement modifié afin d'arriver, pour la troisième, à être en rapport harmonieux et avec les besoins et avec les aptitudes des animaux que l'on élève. C'est de 12 à 14 mois, pour les moutons mérinos qui sont élevés à Saint-Maurice, que commence la troisième période. Pour les moutons ordinaires, c'est à 18 mois seulement. Comme il s'agit ici des premiers, que nous avons sous les yeux, du reste, en écrivant, la deuxième période qui va nous occuper a donc une durée de 8 à 10 mois; et il faut dans cet intervalle abaisser sans secousse aucune la relation digestive à $\frac{1}{5}$, la relation adipo-protéique à $\frac{1}{3}$, et le rapport du ligneux aux glucosides à $\frac{1}{0,6}$.

Nos agneaux, qui sont nés en novembre-décembre, sortent par conséquent de la première période en avril-mai. La provision de betterave est bien près d'être épuisée, et le regain fera bientôt complétement défaut. Il faut songer à remplacer lentement chacun de ces deux aliments, et s'y prendre assez tôt pour éviter toute transition brusque. Il est indispensable, pour arriver à un bon résultat, de se rendre à l'avance un compte aussi exact que possible des ressources fourragères dont on pourra disposer dans un avenir prochain. Or, en vue de l'élevage et de la spéculation du mouton, nous avons créé aux portes des fermes que nous exploitons, de bons pâturages temporaires, composés uniquement de trèfle blanc et de ray-gras. Dès le mois de mai, on peut commencer en général à y conduire les jeunes élèves. On les fait sortir davantage chaque jour, après qu'ils ont reçu une bonne distribution du mélange précédent, et à leur rentrée ils reçoivent un nouveau repas. Le pâturage dans les premiers temps n'est compté évidemment pour rien, et le mélange est modifié chaque jour par le remplacement d'une partie du foin par de la paille. Mais peu à peu, les agneaux mangent plus dehors, et leur consommation intérieure diminue d'autant. Elle finit même par devenir relativement très-faible. D'une manière générale, les conserves de betteraves et surtout de maïs haché fin pour moutons, peuvent conduire jusqu'au commencement de juin ou seulement fin mai. Il n'y a donc que fort peu de temps à modifier la ration pour passer au pâturage. On remplace peu à peu les betteraves par le maïs, le foin par la paille, et l'on fait une distribution avant de sortir et en rentrant. Et l'on a ainsi toujours ses élèves au sein d'une rationnelle abondance, étrangère à tout gaspillage, parce qu'on est rapproché le plus possible des conditions de la parfaite utilisation.

Voici, comme renseignement, la composition centésimale du mélange des conserves, distribué comme appoint au pâturage vers la fin de mai :

QUANTITÉS BRUTES.	PROTÉINE.	GRAISSE.	GLUCOSIDES.	LIGNEUX.
Tourteau de coton décortiqué............ 14k,0	5,7	2,3	2,2	1,3
Paille d'avoine 14k,0	0,4	0,3	5,0	5,8
Maïs fin conservé .. 77k,0	1,2	0,5	5,2	3,5
Total...... 100k,0	7,3	3,1	12,4	10,6

Relation digestive P : H = 7,3 : 3,1 + 12,4 + 10,6 = 1 : 3,5.

Relation adipo-protéique Gr : P = 3,1 : 7,3 = 1 : 2,3.

Rapport des glucosides au ligneux $\frac{Gl = 12,4}{L = 10,6} = \frac{1}{0,8}$.

Les herbes du pâturage ont une constitution bien en rapport avec la deuxième période, à cause de la présence du trèfle blanc. Cependant, le contrôle de l'alimentation pastorale est toujours très-difficile à établir parce que l'on manque de données précises d'une manière à peu près absolue. Cependant l'animal en liberté au milieu de tout ce qui lui est nécessaire, est à même de faire un choix indispensable et en harmonie avec ses besoins. Toutefois, cela ne se présente pas toujours. C'est là le défaut de l'alimentation pastorale si avantageuse sous tant d'autres rapports. L'agriculteur doit sans cesse alors avoir les yeux fixés sur la composition du pâturage, son état, afin de pouvoir, avant la sortie et après la rentrée, compléter, par des distributions d'aliments appropriés, le régime des animaux. Dans le cas qui nous occupe, le pâturage se trouve confectionné dans le but même que l'on poursuit dans l'élevage. Il n'y a rien de mieux à faire que de distribuer au bercail un mélange normal de deuxième période tel que le précédent, par exemple. On suit dans les rapports alimentaires la loi de l'abaissement graduel des relations, et dans le choix des aliments, on s'arrête à ceux que l'on possède, qui sont les plus convenables et qui coûtent le moins cher.

Ainsi de mai à juin le maïs s'épuise, et les trèfles et les luzernes vertes abondent généralement. On remplace alors graduellement le maïs par la luzerne verte hachée ou le trèfle, on arrive à la suppression des tourteaux, et l'on complète le mélange par de la paille finement hachée, mélangée intimement avec le fourrage vert. On peut aussi avantagement l'additionner de son et de farines diverses. L'emploi simultané de la paille et de ces matières a surtout pour but de compléter la somme des hydrates de carbone. Pour les proportions du mélange, elles ont la loi des relations pour base, et pour point de départ la composition des matières premières. Au sujet des variations qui se font remarquer dans celle des fourrages cités, on consultera avec fruit le tableau qui les concerne (1re part., II, E, 1°). Voici un mélange de luzerne et de paille convenable pour la fin de mai dans ce cas-ci.

POIDS BRUT.	PROTÉINE.	GRAISSE.	GLUCOSIDES.	LIGNEUX.
Luzerne jeune..... 100k,0	5,2	7,0		5,4
Paille d'avoine. ... 10k,0	0,3	0,2	3,5	4,2
Total...... 110k,0	5,5	10,7		9,6

$$P : H = 5,5 : 10,7 + 9,6 = 1 : 3,6,$$
$$Gl : L = 10,7 : 9,6 = 1 : 0,89.$$

Comme la luzerne s'accroît et diminue de richesse, on abaisse la proportion de paille jusqu'à 0 au moment de la floraison. Or les rapports alimentaires sont à peu près convenables pour le cas actuel, la floraison arrivant vers la fin de juin. Et lorsqu'on recommence à entamer les secondes coupes, on agit comme pour les premières, en prenant les rapports harmoniques de l'époque où on les attaque pour base. De combiner l'emploi du son et des farines, il ne faut pas craindre, à cause de la grande quantité d'eau que renferme le fourrage. Le mélange suivant est composé de maïs vert et de luzerne jeune de seconde coupe. Il a environ pour relation digestive 1 : 4, 5 et convient aux mois d'août èt septembre :

POIDS BRUTS.	P	Gr	Gl	L
Maïs géant 100k,0	1,2	0,2	10,9	4,9
Jeune luzerne 100k,0	5,2	7		5,4
	6,4	18,1		10,3

Octobre a encore pour base le maïs auquel on ajoute

de la luzerne verte et en cas de besoin un peu de tourteaux. La relation digestive est maintenue à $\frac{1}{4,7}$ avec

Maïs géant..................... 100
Luzerne jeune.................. 60
Tourteaux de coton décortiqué.... 2

Novembre, décembre et janvier ont pour base, par exemple, le maïs ensilé et les tourteaux, et la ration atteint à la fin de la période 1/5, au moyen du mélange suivant :

POIDS BRUTS.		PROTÉINE.	GRAISSE.	GLUCOSIDES	LIGNEUX.
Maïs ensilé........	100k,0	1,60	0,77	7,22	4,82
Son de froment ...	20k,0	2,80	0,76	9,00	3,66
Tourteau de coton décortiqué.......	2k,0	0,82	0,33	0,32	0,18
Total......	122k,0	5,31	1,86	17,54	8,66

Relation digestive P : H = 1 : 5.
Relation adipo-protéique Gr : P = 1 : 2,8
Rapport des glucosides au ligneux Gl : L = 1 : 0,5.

Cette ration peut conduire jusqu'à la fin de l'hiver. Au printemps, pâturage au dehors ; fourrages verts et paille en dedans. En été, maïs à la bergerie avec luzerne ou trèfle. Jusqu'en novembre, maïs vert et légumineuses. A cette époque les relations doivent être environ $\frac{1}{6}$, $\frac{1}{2 \text{ à } 3}$ et $\frac{1}{0,7}$. Dans les deux années qui suivent, l'alimentation varie avec les ressources, et les rapports doivent à la fin de la 3e être $\frac{1}{7}$, $\frac{1}{2 \text{ à } 3}$, $\frac{1}{0,7}$, et à la fin de la 4e, c'est-à-dire à l'âge adulte, $\frac{1}{8 \text{ a } 9}$, $\frac{1}{3}$, $\frac{1}{0,7}$.

La quantité totale d'une ration à distribuer dans un jour se règle d'après la considération de la protéine et du poids vif des animaux, en se reportant au tableau général de la loi des rapports où sont indiquées les quantités de protéine nécessaires pour un quintal vivant.

III

Rations d'entretien.

Lorsque l'animal est arrivé à l'âge adulte, lorsque chacun de ses organes a atteint son complet développement, il peut se présenter à l'esprit la question de savoir ce qui est indispensable à l'organisme pour que sa vie se poursuive, et que la masse de matière qui le compose dans son état normal ne s'accroisse pas par assimilation plus qu'elle ne décroît par désassimilation, pour qu'en d'autres termes il n'y ait alors ni augmentation ni diminution de poids.

La ration nécessaire en pareille hypothèse, nous l'avons déjà définie plus haut, et nous lui avons consacré le nom de ration d'entretien qu'on lui avait donné avant nous. On l'appelle également ration de conservation. Elle doit uniquement contenir de quoi pourvoir à la dépense de force nécessitée par le travail intérieur, et par la déperdition constante de chaleur. On sait que ces deux termes s'équivalent, d'après une certaine loi, et que l'un est égal à l'autre, multiplié par un coefficient déterminé.

On pourrait donc, en déterminant d'une part la somme de force nécessaire au fonctionnement vital, et, d'autre part, la somme de chaleur perdue par rayonnement, calculer la quantité nécessaire de chacun des deux groupes de principes organiques alimentaires. C'est là certainement le moyen le plus direct et le seul véritablement scientifique. Mais il faut cependant reconnaître que c'est le plus difficile à mettre en pratique. Si la méthode est théoriquement rigoureuse, la détermination de ses deux premiers termes, force et chaleur dépensées, est à son tour d'une précision toute hypothétique, parce que les moyens sont loin de pouvoir donner la certitude absolue.

Quelle que soit l'exactitude de ces chiffres, il n'en est pas moins intéressant de les connaître, car l'idée qu'ils expriment est réellement la base fondamentale de la question de la ration d'entretien.

D'après les expériences de M. Boussingault, la quantité de carbone et d'hydrogène évaluée en carbone à raison de 3 du premier pour 1 du second, éliminée par l'acte de la calorification, serait :

Pour le cheval (poids 500 kilogr.), de 2 kilogr. 540.
Pour la vache (poids 550 —), de 2 — 271.
Pour le mouton (poids 20 —), de 0 — 153.

Si l'on admet que le charbon dégage, par sa transformation en acide carbonique, 8,000 calories, d'après les expériences de Fabre et Silbermann, qu'avec Boussingault on admette que les matières grasses équivalent, au point de vue de la chaleur dégagée, au carbone, et que les hydrates de carbone ne représentent que 0,42 de ce corps, on peut calculer le tableau suivant :

DÉSIGNATION des animaux.	POIDS vif.	CHALEUR totale.	CHALEUR par quintal.	PAR quintal vivant	
				Graisse équi-valente.	Hydrates de carbone équi-valents.
	kilogr.	calories.	calories.	kilogr.	kilogr.
Cheval................	500	20 320	4 064	0,508	1,210
Vache.................	550	18 168	3 303	0,413	0,983
Mouton................	20	12 24	6 120	0,765	1,821

Si, dans les mêmes expériences, on calcule le travail intérieur dépensé par les animaux, en admettant que le coefficient mécanique de la protéine est, ainsi que nous le démontrerons plus loin (VI, 2e partie) 2,680,000 kilogrammètres par kilogramme de matière usée, on trouve les nombres inscrits au tableau suivant :

DÉSIGNATION des animaux.	POIDS vif.	PROTÉINE éliminée. (1)	TRAVAIL correspondant.	TRAVAIL par quintal vif.
	kilogr.	grammes.	kg.m.	kg.m.
Cheval................	500	238	637,840	127,568
Vache.................	550	231	619,080	112,548
Mouton................	20	81	217,080	1,085,400

(1) L'excrétion d'urée par les voies urinaires n'étant pas immédiatement en raison du travail effectué, il est naturel de penser que ces nombres sont bien trop forts, vu la courte durée de l'expérience.

Ainsi la dépense probable de calorique par jour et par quintal vivant et celle de travail sont environ :

Pour le cheval de 4,000 calories et de 127,000 kg. m.
Pour la vache de 3,300 — et de 112,000 —
Pour le mouton de 6,000 — et de 1,085,000 —

Mais ces nombres sont loin de pouvoir nous servir pratiquement de bases pour le calcul des rations. Il leur manque d'abord la généralité, et de plus ils ne tiennent pas compte de la digestibilité, chose très-importante pour nous, mais uniquement des matériaux éliminés par l'organisme.

Il n'y a que l'expérimentation réelle, l'expérimentation raisonnée et systématique qui puisse nous permettre d'avoir à ce sujet des données réellement applicables à la pratique.

Les études expérimentales, qui ont pour objet les phénomènes naturels, ne peuvent aboutir qu'à l'unique condition de marcher dans la voie qu'indique la nature elle-même. Ainsi, dans l'alimentation rationnelle du bétail, devons-nous prendre pour directrice la ligne qui se rapproche le plus de celle que suit la loi naturelle.

C'est ce qu'il n'a pas été donné aux savants d'Allemagne de mettre en lumière ; ils ont accumulé sur le sujet qui nous intéresse une foule de documents précieux, mais ils n'ont pas su les coordonner systématiquement. Au génie français appartient d'avoir découvert les lois par l'étude profonde et raisonnée de la nature, et de les avoir consolidées tellement par l'interprétation logique des faits fournis par l'expérience, que les termes qui les expriment, s'ils ne sont pas imperfectibles, sont du moins si approchés de la limite même qui est l'expression absolue des lois, que leur mise en pratique dans les conditions économiques actuelles ne donne et ne peut donner que d'excellents résultats.

Qu'il nous soit permis ici de rendre hommage aux illustres pionniers de la science, aux efforts desquels nous sommes redevables de si grands progrès accomplis. Dieu reçoit avec la même satisfaction l'offrande infime du pauvre et le sacrifice somptueux du puissant. C'est à M. Boussingault que l'on doit d'avoir commencé scientifiquement ces études. Les résultats de ses expériences sont dignes d'admiration. Si l'on donne sous son nom une théorie erronée de l'établissement des rations, cela tient à ce que des auteurs ont mal interprété ses études, à ce qu'ils n'en ont regardé que la première face, sans en examiner la seconde. A Baudement revient la gloire d'avoir établi les principes et déterminé le plan des recherches actuelles ; mais, hélas ! la mort est venue prématurément le ravir à la science et à la patrie. Mais la France n'est pas stérile en hommes de valeur : le regretté Baudement, professeur à l'Institut agronomique de Versailles, a trouvé un digne continuateur dans l'honorable et savant professeur de zootechnie de Grignon, dans l'illustre M. A. Sanson qui, du haut de sa chaire, est le phare de la science.

Ce dernier, dans son cours, établit que le foin est l'aliment naturel, l'aliment essentiel d'entretien des animaux qu'on appelle herbivores. D'où il suit que c'est là que nous devons aller chercher le type, la limite de perfection de la ration d'entretien. Dans les chapitres précédents, nous avons spécialement étudié quelle est en ce point l'expression de la loi du rapport, et nous ne reviendrons pas ici sur sa détermination. Il nous suffira de la rappeler et de montrer quelle en est l'amplitude. Avant d'entrer dans les considérations particulières à chaque genre d'animaux, disons que la relation digestive a pour valeur initiale ou maxima 1 : 8 : 10, et que ses variations en dessous peuvent être assez considérables, suivant les espèces ; que la relation adipo-protéique, dont la valeur la plus élevée est 1 : 3 : 4, peut descendre à une expression très-basse relativement, en raison même de la définition de la ration de conservation. Le second rapport complémentaire de la relation digestive, celui qui existe entre les glucosides et le ligneux, est ici d'une très-grande importance : en effet, les expériences déjà citées de Henneberg et Stohmann ont élucidé la question du ligneux, et ont montré combien est grand le parti que les animaux en tirent dans le régime de l'entretien. Dans les rations de production, il faut renoncer à la complète utilisation du ligneux ; au contraire, ici serait son règne. C'est donc dans l'alimentation de conservation que le rapport des glucosides au ligneux doit être le plus faible. Conséquemment alors on doit recourir aux aliments grossiers, volumineux.

Quant à la marche de la loi des rapports, en considération des différents genres d'animaux, la disposition même des organes digestifs permet déjà de la préciser d'une manière générale, et l'expérimentation vient confirmer les vues théoriques. Il est évident, en effet, que les animaux polygastriques ou ruminants, chez lesquels les aliments séjournent un temps considérable dans le viscère stomacal, peuvent avoir dans leur ration plus d'éléments difficilement diffusibles ; que pour eux surtout les deux rapports complémentaires peuvent être descendus à leur plus faible expression. Pour les animaux monogastriques, au contraire, ils doivent varier peu en deçà du maximum. Au sujet du dernier rapport, il suffit de rapprocher les valeurs du coefficient de digestibilité du ligneux des ruminants et des équidés; il varie du simple au double.

En ce qui concerne les bêtes bovines, Henneberg et

Stohmann ont déterminé que le minimum de protéine nécessaire à leur entretien est de 0 kilogr. 08 par quintal vivant. En comptant 0 kilogr. 1 de matières azotées dans la ration de conservation, on se trouve donc dans un bon terme moyen. Comparons ce point de repère au résultat inscrit dans le tableau précédent : pour une vache de 550 kilogr. cela ferait 0 kilogr. 550 de protéine, en prenant pour base une relation digestive voisine de 1 : 9 on trouve 275 gr. environ pour la protéine utilisée. L'expression de la relation digestive est comprise entre 1 : 9 et 1 : 15, mais la plus forte fournit l'utilisation la meilleure. Le rapport des glucosides au ligneux doit être égal à 1 au maximum.

Pour le mouton, la valeur de la relation digestive s'affaiblit dans de moins grandes proportions. Elle ne doit guère descendre au-dessous de 1 : 12. La raison physiologique en est que la laine doit toujours suivre, même dans ce cas, son accroissement régulier, vu son rôle de vêtement ; par suite la dépense de matières azotées s'accroît, et de plus, l'épaiseur. de ce tégument et sa nature empêchant la déperdition du calorique dans certaines limites, il est moins besoin de substances hydrocarbonées. D'après E. Wolff, il faut 0,2 de protéine pour 100 de poids vif.

Selon le savant professeur de Grignon, l'entretien du cheval pourrait se faire avec 1 kilogr. de matière sèche de foin de pré normal par quintal vivant. D'où il suit qu'en moyenne 0 kilogr. 096 (1) de protéine suffisent par 100 kilogr. de poids vif, et que la relation

(1) Pour 500 kilogr. : $0^{k}096 \times 5{,}00 = 0^{k}480$, le coefficient de digestibilité donne environ 0,240 d'utilisé ; l'expérience de Boussingault a donné 0,238.

digestive doit être comprise entre 1 : 8 et 1: 10, le rapport adipo-protéique étant inférieur à un tiers, et celui des glucosides au ligneux un peu plus petit que 1

Pour faciliter la comparaison et l'emploi de ces repères, nous avons dressé le tableau suivant qui, les groupant tous par ordre, en permet la vue d'ensemble et facilite les recherches.

DÉSIGNATION des espèces.	PROTÉINE par quintal vif.	LOI DES RAPPORTS		
		Relation digestive.	Relation adipo-protéique.	Relation des glucosides au ligneux.
	kilogr.			
Ruminants — Bœuf..........	0,08	1 : 9	$<\frac{1}{4}$	<1
	0,10	1 : 15	$<\frac{1}{4}$	<1
Ruminants — Mouton.........	0,15 0,2	1 : 9 1 : 12	$<\frac{1}{4}$	<1
Equidés..................	0,088 0,096	1 : 8 1 : 10	$<\frac{1}{3}$	1 >1

Mais est-il économique de soumettre les animaux au régime de conservation ? Évidemment non. C'est en suivant un tel système que l'on est arrivé à faire ressortir le fumier, qui était la seule production des animaux, à un prix tellement élevé que les agronomes ont conclu que le bétail était un mal nécessaire. Je veux bien qu'alors le mode de distribution des aliments n'était pas conforme à la science ; mais encore, avec les données théoriques les plus exactes pour base du calcul des rations d'entretien, on n'arrivera jamais par ce moyen à un résultat qu'on doive rechercher au point de vue du bénéfice, seul criterium valable dans les entreprises zootechniques.

Si nous avons établi les bases des rations d'entretien, c'est donc uniquement dans le but d'éclairer le cultivateur dans l'application de tout ce qui va suivre. Des données précises à cet égard sont en effet indispensables pour les évaluations *a priori* des effets d'une ration et aussi pour la vérification *a posteriori* du régime suivi.

RATIONS DE PRODUCTION.

La quantité d'aliments, quelle qu'elle soit, qui excède la ration d'entretien, constitue ce que l'on appelle la ration de production. On comprend facilement qu'il existe un rapport nécessaire entre cette partie de l'alimentation et le fonctionnement des organes, et qu'elle doit conséquemment varier suivant les services que l'on exige des individus.

Dans tout ce qui va suivre nous engloberons la ration d'entretien dans la ration de production, c'est-à-dire que nous indiquerons les limites extrêmes entre lesquelles peut varier une ration pour que l'utilisation des fourrages soit la plus complète, et le fonctionnement le plus économique possible. « En ces matières, il n'y a pas de petites économies. Les animaux ne doivent recevoir que la nourriture qu'ils peuvent utiliser. Au delà commence le gaspillage ou la mauvaise administration, contre lesquels la science a pour objet de mettre en garde. » (A. Sanson.)

Nous allons examiner dans les trois chapitres suivants :

1° La production du lait.

2° L'engraissement.

3° La production de la force.

Dans les entreprises zootechniques, suivant les circonstances économiques, on peut combiner ces trois grands modes de production : ainsi l'on fait travailler les vaches laitières, ou bien on les engraisse de façon à les vendre au bout de la période de lactation ; encore il peut arriver que l'on mélange les trois modes : qu'on demande aux vaches laitières du lait, de l'accroissement en poids et en qualité et encore du travail. On engraisse fréquemment des bœufs en même temps qu'on les fait travailler.

La discussion de l'opportunité des entreprises multiples ou spécialisées ne peut pas trouver place dans un traité sur l'alimentation, la question étant du ressort de la zootechnie générale et de l'économie rurale. C'est au cultivateur qui a étudié les ouvrages si clairs et si précis de M. Sanson, qui a médité les principes de M. Léonce de Lavergne, de déterminer la voie qu'il doit suivre. Alors, en vue d'atteindre le but qu'il se propose, il combinera dans l'application les principes du calcul des rations relatifs à chaque production qu'il réclame, dans la mesure de la quantité qu'il en veut obtenir en un temps donné.

Telle est la base fondamentale de la composition des rations mixtes.

IV

De la production du lait.

L'établissement des bases de la ration de production du lait demande la connaissance préalable de la fonction dont il s'agit. L'étude sommaire de l'appareil producteur du lait, des conditions de son fonctionnement, des qualités et de la composition de la sécrétion est ici d'abord indispensable. De plus, il faut rechercher les influences de l'alimentation sur la qualité, la composition et l'abondance des produits. C'est alors que, comme conclusion, on établira les limites entre lesquelles on doit se tenir pour recueillir, dans les meilleures conditions au point de vue du bénéfice, une abondante et excellente sécrétion. Enfin, sous forme d'appendice, il nous paraît utile d'examiner les aliments auxquels il est d'ordinaire le plus avantageux de recourir, et de donner quelques exemples de rations constituées d'après les bases établies.

1° La mamelle. — Sa structure. — Son fonctionnement.

La mamelle est l'organe de formation et de sécrétion du lait. Elle se compose d'une enveloppe formée extérieurement par la peau, et intérieurement par une lame de tissu adipeux, et d'un parenchyme glandulaire que celle-ci recouvre. Ce dernier est constitué par une gangue cellulaire ferme et compacte qui emprisonne la masse glandulaire proprement dite. Cet appareil a la même structure que les glandes en grappes (glandes salivaires). Il commence dans le mamelon par un canal qui s'ouvre extérieurement par une ou plusieurs ouvertures destinées à laisser le liquide s'écouler, et qui débouche intérieurement dans une sorte de petit réservoir appelé citerne du lait. A celle-ci aboutissent des canaux qui se ramifient dans la gangue en diminuant de diamètre, et sans s'anastomoser. Si on les suit jusqu'à leurs extrémités, on voit qu'ils sont terminés par des sortes de petits culs-de-sac constitués extérieurement par une membrane de matière amorphe dans laquelle rampe un vaisseau capillaire, et intérieurement par une lame d'un tissu cellulaire particulier, d'épithélium sélecteur, formé d'éléments cubiques ou poligonaux.

Le fonctionnement de cet appareil est analogue à

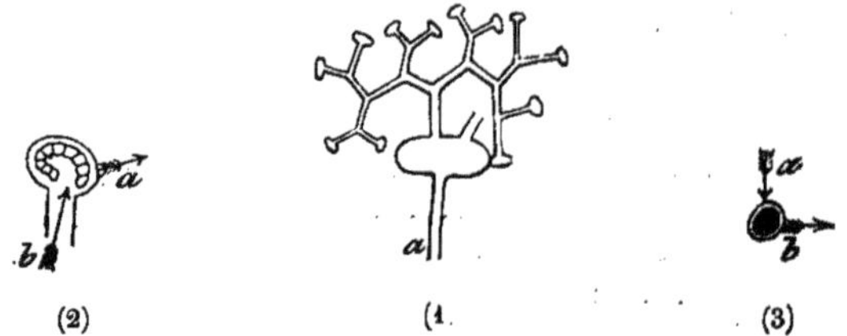

Figures schématiques.

(1) Canal du mamelon. — Citerne du lait. — Un des canaux ramifiés qui y débouchent.
(2) Cul-de-sac. — *a* matière amorphe. — *b* épithélium sélecteur.
(3) Corpuscule butyreux. — *a* enveloppe azotée. — *b* contenu graisseux.

celui de toutes les glandes en grappes. L'épithélium

sélecteur des culs-de-sac glandulaires extrait du sang, par osmose, les principes constituants du lait, en même temps qu'il est le siége d'une genèse active de cellules grasses particulières. Chacune de ses cellules voit se former en elle de nouvelles cellules grasses, et celles-ci, après résorption de leur mère, s'écoulent avec le liquide laiteux le long des canaux jusqu'en la citerne, d'où on extrait le lait par mulsion.

Au commencement de la période laitière, et même un peu avant le part, les vieilles cellules épithéliales ne sont pas complétement résorbées par leurs filles, se détachent et se rencontrent entières dans le premier lait.

2° Du lait. — Ses qualités. — Sa composition.

Le premier lait, appelé colostrum, ne diffère pas seulement du lait normal par la présence des vieilles cellules épithéliales ou globules du colostrum, mais encore par ses propriétés et sa composition. Ainsi, immédiatement après le part, il est purgatif, de consistance visqueuse et de coloration jaune foncé, et souvent il est coagulable par l'ébullition.

Il renferme, d'après Boussingault :

Eau	78,4	
Albumine et caséine	15,6	
Beurre	2,6	= 100,0
Sucre	3,1	
Sels	0,3	

Peu à peu le lait normal remplace le colostrum et en général, au bout de 8 jours, la substitution est complète. Mais on a vu des cas où il a fallu plus longtemps.

Le lait normal est un liquide opaque d'une couleur blanche particulière, d'une odeur spéciale, d'une saveur douce et sucrée et d'une densité moyenne de 1,032. Il est en général alcalin au sortir de la mamelle. Ce liquide a pour base l'eau tenant en dissolution et en suspension des sels minéraux, une substance sucrée, des matières protéiques et des globules butyreux.

Les sels principaux que l'on y rencontre sont des phosphates terreux (calciques et magnésiens) et des chlorures alcalins.

De la somme des matières protéiques, la caséine, base du fromage, forme la plus grande part. On a vu plus haut (Ire partie, I, A.) ses propriétés. On y trouve aussi une matière extractive azotée, différente de la caséine, mais en petite quantité.

Le sucre du lait ou lactose est isomère du glucose-$C^{12}H^{12}O^{12}$. Il en diffère par sa forme cristalline et aussi parce qu'il ne subit pas naturellement la fermentation alcoolique. Pour acquérir cette propriété il a besoin d'être traité par les acides : c'est un glucoside. Au contact des matières azotées du lait qui ont été un peu altérées par l'air, le sucre de lait se transforme en acide lactique $C^{6}H^{6}O^{6}$ par dédoublement. C'est en vertu de cette catalyse que la caséine du lait forme un coagulum quand on abandonne ce liquide pendant quelque temps à une douce température.

Mais c'est le beurre qui forme la matière non azotée la plus importante du lait. Il s'y trouve en suspension à l'état de globules formés d'une enveloppe azotée et d'un contenu graisseux. Celui-ci est composé principalement de margarine, de stéarine, d'oléine et de butyrine. Ce sont principalement les variations des proportions de ces substances qui causent les différences que l'on remarque dans les beurres des différentes espèces, et suivant les aliments consommés, les individus, etc., au point de vue de la couleur, de la saveur et du goût.

Le diamètre des globules est variable et peut atteindre le maximum de $0^{mm},01$. C'est à leur présence que le lait doit principalement sa couleur et toute son opacité.

(*Voir* 2me partie, II, le tableau de la composition centésimale moyenne du lait des différents genres d'animaux.)

3° Influence des divers aliments sur les qualités du lait.

Le lait élaboré par les animaux provenant du sang, ainsi que nous venons de le voir, est conséquemment le résultat indirect de la transformation des aliments consommés. Il est donc naturel de penser que la nature de l'alimentation influe d'une certaine façon sur les qualités du lait. On sait en effet depuis longtemps que différentes substances alimentaires transmettent au lait l'odeur et la saveur qui les caractérisent.

Les crucifères, les alliacées, lui communiquent leur odeur désagréable. L'absinthe le rend amer, le tithymale âcre, la gratiole purgatif; l'anis lui donne son odeur et la garance lui transmet sa couleur.

Sa densité varie suivant l'abondance de l'eau dans le régime, et la quantité de beurre produite.

4° Influence de l'alimentation sur la composition et l'abondance des produits.

Les expériences de Boussingault et Le Bel sur la vache, de Peligot sur l'ânesse, font voir que la constitution chimique du lait est peu variable.

Expérience sur une ânesse.

DÉSIGNATION des produits.	CAROTTES 18 kilogr.	BETTERAVES rouges 21 kilogr.	AVOINE 7 kilogr. foin luzerne 3 kilogr.	POMMES de terre.
Beurre	1,35	1,39	1,40	1,39
Caséum	1,62	2,33	1,55	1,20
Sucre et mat. az. extract.	6,02	6,51	6,42	6,70
Eau	91,01	89,77	90,63	90,71

Expériences sur la vache.

NOMBRE de jours écoulés depuis le part.	ALIMENTS reçus.	BEURRE	CASÉINE	LACTOSE	EAU.	MATIÈRES sèches.
24	Foin et trèfle vert	3,5	3,2	4,5	88,8	11,2
35	Trèfle vert	5,6	3,4	4,2	86,8	13,2
176	Pommes de terre et foin *	4,8	3,6	5,1	86,5	13,5
182	Foin et trèfle vert*	4,5	4,3	4,0	87,2	12,8
193	Trèfle vert *	2,2	4,3	4,7	88,8	11,2
200	Foin	4,5	3,1	4,7	87,7	12,3
204	Trèfle vert *	3,5	3,9	5,2	87,4	12,6
207	Navets	4,2	3,2	5,0	87,6	12,4
215	Betteraves	4,0	3,6	5,3	87,1	12,9
229	Pommes de terre	4,0	3,6	5,9	86,5	13,5
290	Topinambours	3,5	3,5	5,5	87,5	12,5
302	Foin et tourteaux	3,6	3,6	6,0	86,8	13,2

* Autre vache.

C'est la proportion de matières grasses qui offrent chez la vache les plus grandes variations.

Celles du caséum ne sont pas considérables. Le sucre de lait augmente à mesure qu'on s'éloigne du part.

La conclusion est donc que la nature des aliments

consommés n'exerce pas une influence bien marquée sur la constitution chimique du lait.

Une nourriture abondante et suffisamment riche est indispensable pour que les bêtes laitières puissent donner d'abondants produits. Mais si la quantité de lait produite journellement est proportionnelle dans certaines limites à la richesse de la ration en protéine, il n'en est pas moins vrai qu'au delà de ces dernières, la présence des matières azotées dans la ration ne se fait nullement sentir dans le sens qu'exige la spéculation que l'on fait. La teneur de la ration en protéine doit être en harmonie avec l'aptitude de la machine, et tout ce qui dépasse la limite supérieure de celle-ci est perdu pour la spéculation. C'est la relation digestive qui donne la mesure de la richesse centésimale des rations, parce qu'elle est l'expression même de l'aptitude fonctionnelle de l'animal. Quant à la quantité absolue que doit recevoir un sujet, l'expérimentation a déterminé les limites entre lesquelles elle doit varier pour que le rendement soit le plus rémunérateur.

La preuve de l'existence de la limite supérieure est surtout ici nécessaire: parmi les nombreuses expériences faites à ce sujet, nous en citerons une de G. Kühn, qui est d'une netteté remarquable.

Une vache pesant 400 kilogr. a reçu dans une première période du trèfle vert à volonté, et sa consommation moyenne a été de 65 kilogr. 15 par jour. L'analyse du trèfle a montré qu'elle absorbait ainsi par quintal vivant :

0k,62 de protéine	3k,49
0k,15 de graisse	
1k,41 de glucosides	
1k,21 de ligneux, etc.	

L'animal a donné par kilogramme de matière sèche consommée 960 grammes de lait.

Dans une seconde période, on remplaça 1/5 des substances sèches du trèfle vert par de la paille, et la bête consomma par jour et par quintal vif :

$0^k,48$ de protéine	
$0^k,11$ de graisse	$2^k,69$
$1^k,40$ de glucosides	
$0^k,70$ de ligneux, etc.	

Et la sécrétion lactée fut par kilogramme de matière sèche de 920 grammes.

Dans les deux périodes, la lactation a été la même, surtout si l'on remarque que la seconde était plus éloignée de la mise bas, et la quantité de beurre n'a pas varié.

Donc avec une ration coûtant moins cher on a obtenu un fonctionnement plus économique, puisque le rendement a été relativement le même.

On verra plus loin que dans le deuxième cas encore, la quantité de protéine était trop élevée aussi, et qu'elle aurait pu sans inconvénient être abaissée plus bas.

5° Calcul des rations.

La base fondamentale des rations est, comme nous l'avons démontré, la relation digestive. C'est à sa détermination que l'on doit avant tout s'attacher. La production du lait étant une formation de cellules, demande une relation plus forte. Celle-ci ne doit jamais pour les bêtes adultes atteindre le degré de faiblesse qui est l'indice de la ration d'entretien. Pour les jeunes bêtes la relation doit être en rapport avec l'âge. Et la difficulté n'est pas grande, dans une étable où l'on a des animaux d'âges différents, de leur donner à chacun une alimentation convenable pour leur degré de développement. Il suffit en effet de donner comme supplément au mélange général, des quantités d'aliments concentrés variant avec les besoins de chaque individu qui ne rentre pas dans la situation principale de l'étable.

D'une manière générale, la relation digestive doit varier pour les bêtes laitières adultes de 1 : 8 à 1 : 10, le rapport adipo-protéique étant de $\frac{1}{3}$ à $\frac{1}{4}$, et celui des glucosides au ligneux 1 ou $\frac{1}{<1}$. Il n'est pas nécessaire d'insister davantage sur ce sujet ; les considérations qui servent de point de départ à l'établissement des rapports sont déjà bien connues du lecteur. Du reste les expérimentateurs allemands sont arrivés à des résultats identiques. Les données de F. Villeroy, d'E. Wolff, de J. Kühn doivent s'interpréter ainsi. L'expérimentation et l'observation ont donc conduit aux mêmes résultats des deux côtés du Rhin.

Voici les limites expérimentales des quantités de protéine et de graisse qu'il est le plus convenable de donner d'après les Allemands :

Protéine $0^k,25$ à $0^k,30$ par quintal vif.
Graisse $0^k,07$ à $0^k,10$.

D'après les expérimentateurs français la moyenne serait pour la protéine de 0,24 ; ils ne s'inquiètent pas du reste.

Avec ces repères et la connaissance de la loi des relations, il est très-facile d'établir une ration convenable et économique, à condition que l'on n'oublie pas toute l'importance de l'acide phosphorique, de la chaux et des alcalis.

D'après ce que l'on sait sur la répartition de ces matières dans les végétaux, on peut en général ne pas s'en inquiéter. Mais toutefois, il est prudent d'exercer un contrôle des rations à ce point de vue. On y arrivera facilement au moyen du tableau suivant :

ALIMENTS.	IL Y A DANS 100 PARTIES DE MATIÈRE SÈCHE.			
	Cendres.	Acide phosphorique.	Alcalis.	Chaux.
Son de froment	6,19	3,159	1,676	0,194
Tourteau de colza	6,42	2,256	1,675	0,799
Foin de pré	6,02	0,482	1,803	1,007
Foin de luzerne	7,46	0,657	1,987	3,146
Foin de trèfle	6,83	0,674	2,335	2,406
Maïs vert	6,00	0,652	2,421	0,807
Betteraves	6,44	0,544	4,503	0,256
Carottes	5,58	0,695	3,197	0,637
Pommes de terre	3,77	0,653	2,375	0,097
Paille de blé	5,37	0,320	1,565	1,831
Paille d'orge	4,80	0,215	1,295	0,373
Paille d'avoine	4,70	0,220	1,176	0,416
PRODUITS : lait	6,1	1,870	»	»
	4,88	1,388	1,677	1,066

Malheureusement nous n'avons pas encore de donnée précise pour déterminer la quantité de ces éléments nécessaires dans chaque ration, mais l'agriculteur doit toujours veiller à ce qu'il y en ait toujours, dans le cas actuel, une quantité supérieure à ce qui se retrouve dans le lait.

Il est inutile de revenir sur le choix des aliments, ce qui précède est trop évident pour qu'il soit possible d'y ajouter quelque chose. Disons seulement que l'on peut, sans inconvénient pour la valeur marchande du lait, introduire dans les rations de petites quantités de crucifères. Les plantes alliacées doivent toujours être évitées parce qu'elles communiquent toujours leur goût désagréable.

Nous venons de donner les bases expérimentales de la ration de production du lait ; il nous semble utile d'en donner ici l'interprétation théorique, qui pourra, en retournant les choses, servir aussi de point de départ pour la constitution des rations.

Soit une vache de 500 kilogr. donnant 10 litres (environ 10 kilogr.) de lait par jour. Les 10 litres de lait produits contiennent :

Protéine..........	390	grammes.
Graisse...........	514	—
Lactose...........	394	—
Acide phosphorique	26	—
Chaux............	15	—
Alcalis...........	23	—

Il faut que l'animal adulte qui nous intéresse puisse extraire cela de son alimentation. Or nous savons qu'à cet âge la digestibilité, conforme à la relation $\frac{1}{8}$ qui lui convient, est exprimée environ par le coefficient 0,50. Donc cette production de 10 litres de lait exige dans la ration 780 gr. de protéine. Si tout le beurre devait être fourni par la graisse des fourrages, il en faudrait alors environ 1,500 gr., puisque leur coefficient moyen n'est que 0,33. Mais les hydrates de carbone concourent pour la plus forte partie à la formation de la graisse. D'après la formule théorique suivante qui essaye de rendre compte de la transformation dont il s'agit

$$\underbrace{14\,(C^{12}H^{11}O^{11})}_{\text{sucre}} + \underbrace{10\,(O)}_{\text{oxygène}} = \left\{ \begin{array}{l} \underbrace{C^6H^5O^3,\ 3\,(C^{36}H^{35}O^3)}_{\text{stéarine}} \\ + \underbrace{54\,CO^2}_{\text{ac. carbonique}} + \underbrace{44\,HO}_{\text{eau}} \end{array} \right.$$

$$2394 \text{ sucre} = 890 \text{ stéarine},$$

il faudrait environ 2,6 de glucosides pour former 1 de graisse. Du reste le savant docteur J. Kühn ne compare jamais les matières grasses aux hydrates de carbone sans les multiplier par 2,5, en raison du pouvoir calorique relatif aux deux substances. Conséquemment, pour former le beurre de son lait, l'animal doit extraire de sa ration $514 \times 2,6 = 1337$ ($6,4^{gr}$) d'hydrates de carbone moyens. Ajoutant à cela les **394 gr.** de lactose, on a le total de 1731 gr. Si l'on admet 0,60 comme coefficient de digestibilité moyen des hydrates de carbone, il faudra au moins dans la ration 3 kilogr. de ces hydrates.

Ainsi donc sera constituée la ration de production :

Protéine......... . 0^k,780
Hydrates de carbone 3^k » (au moins);

et la ration d'entretien pourra se composer, ainsi que nous le savons par ce qui a été dit plus haut, de

Protéine..................... 0^k,500
Hydrates de carbone .... 7^k »

On a enfin pour ration totale :

	Protéine.	Hydrates de carbone.
	—	—
Ration de production	0,780	3,000
Ration d'entretien	0,500	7,000
	1,280	10,000

Relation digestive 1 : 8.

Et la bête reçoit ainsi par quintal vivant

0,256 protéine.

Dans le choix des aliments qu'on devra faire pour fournir ces principes organiques à la vache, il faudra s'inspirer de leur richesse en principes minéraux essentiels.

6° Des aliments préférables.

Les sections 3 et 4 nous ont montré quels aliments doivent tout d'abord être rejetés comme bases générales du régime, et que parmi les autres on peut presque indistinctement choisir.

La question économique reste donc ici absolument dominante : *il faut produire le lait au meilleur marché possible.* Étant établi qu'il est indispensable que la ration soit scientifiquement constituée, le choix des aliments devient la chose principale. L'agriculteur doit prendre pour guides ici la mercuriale et la table de la composition des aliments pour ceux qu'il achète, ou ceux produits à la ferme qui sont cotés sur le marché ; pour les autres, qui n'ont pas de cours, il doit diriger son système de culture de façon à produire ceux qui demandent le moins de frais comparativement à leur rendement en matières nutritives. Il doit examiner aussi s'il ne serait pas plus avantageux d'exporter des aliments cotés au marché que de les consommer, en faisant correspondre à cet acte commercial une importation d'aliments étrangers à l'exploitation. Nous avons insisté plus haut sur cette opération économique. Tous les résidus d'industrie en général se prêtent fort bien à ce genre d'exportation compensée.

Son de froment. — M. A. Sanson, dans une conférence au dernier concours régional de Nantes, l'a vivement recommandé pour l'alimentation des bêtes à lait. Ses titres incontestables sont une grande richesse en protéine, en matière grasse et en acide phosphorique. Il est supérieur à la farine d'orge, aliment si recommandé pourtant, parce que « poids pour poids, il est plus riche en matériaux propres à fournir les éléments du lait. » Mais une autre considération non moins importante est celle du prix de ces deux aliments. Et les mercuriales ne permettent en général aucune hésitation sur la préférence à accorder au son.

Composition du son et de la farine d'orge.

	Protéine.	Graisse.	Glucosides.	Ligneux.	Ac. phosphor.
	—	—	—	—	—
Son........	14,0	3,8	45,0	18,3	3,159
Farine d'orge blutée....	13,0	2,2	67,0	«	1,102
Farine d'orge non blutée	11,6	4,9	34,8	31,9	?

Tourteaux de colza. — J. Kühn regarde les tourteaux de colza comme l'aliment complémentaire le plus important pour la vache. Il recommande de ne pas dépasser le poids de 1 kilogr. 5 par tête et par jour.

Ils ne doivent jamais être mélangés d'avance avec les autres aliments, ni donnés humectés depuis quelque temps, car il se développe alors une huile essentielle, d'une odeur très-forte, qui est en général désagréable aux animaux. Mais on peut le donner en buvées froides ou tièdes.

On ne saurait trop recommander l'usage de cet aliment dans la Haute-Marne, car les rations des vaches sont toujours pendant l'hiver bien trop pauvres en protéine et en graisse.

(*Voir* table de la composition des aliments.)

En somme le son, et les tourteaux en général, sont les aliments concentrés actuellement les plus recommandables. Ils contiennent en forte proportion les éléments propres à constituer le lait, et en général leur prix est relativement peu élevé.

Graines de légumineuses et de céréales. — Elles sont rarement d'un emploi avantageux parce que leur prix est trop élevé, et qu'elles contiennent surtout des hydrates de carbone, qu'on a presque toujours en abondance.

Quelques graines de légumineuses sont même nuisibles à la lactation : « Les vesces égrugées sont tout à fait nuisibles à la production du lait, et lorsqu'on veut diminuer, par exemple, le plus possible la sécrétion du lait chez une vache destinée à l'engrais dans un délai rapproché, on n'a qu'à lui en donner de fortes quantités. » (J. Kühn, traduct. Roblin.) Il en est à peu près de même de la graine de lupin.

Foin de pré. — Le bon foin de pré est un aliment qui agit favorablement sur la production du lait en augmentant la proportion et la qualité du beurre. Le foin médiocre ou avarié peut entrer dans l'alimentation, pourvu qu'il soit convenablement préparé. On le hache, on le traite par la vapeur ou on le fait fermenter ; on le sale faiblement et on le mélange avec le reste de la ration. Les foins moisis sont mauvais dans tous les cas ; les petits champignons dont ils sont couverts sont nuisibles à la santé.

Un foin, même de bonne qualité, qui contiendrait des prêles, diminuerait la lactation. La présence des aulx donne au lait et au beurre une odeur alliacée désagréable.

Regain de prairie naturelle. — Le regain, quand il est bien récolté, est encore préférable au foin. Il est notablement plus riche que ce dernier et beaucoup plus tendre.

Le *trèfle*, la *luzerne*, la *spergule* agissent encore plus favorablement.

Quand on peut donner économiquement du foin aux bêtes laitières il convient d'en donner 1 pour 100 du poids, de façon à couvrir l'entretien par cet aliment naturel. Mais souvent, en raison de son prix élevé, il est plus avantageux d'en donner moins et même de n'en point donner du tout. Ce serait en effet le desideratum de la perfection de couvrir sans cesse l'entretien des animaux par leur aliment naturel ; mais aussi bien le cultivateur doit avant tout rechercher le maximum du profit.

Betterave. — Ce qu'il y a de plus avantageux en général, comme base d'alimentation d'hiver, ce sont les racines de la grande culture, les tubercules, les fourrages verts ensilés et les fourrages grossiers.

Les betteraves à l'état naturel, ou leur pulpe, sont sans contredit les racines qui ont le plus d'importance dans le cas présent. Elles fournissent la sécrétion d'un lait crémeux et de bon goût, surtout lorsqu'on y ajoute des quantités convenables de foin, de paille et de tourteaux.

Il est nécessaire de donner les betteraves découpées et mélangées avec $\frac{1}{10}$ à $\frac{1}{6}$ de leur poids de menue paille ou de paille et fourrages grossiers hachés. Une longue expérience nous a appris (plus de 15 ans) qu'on peut donner aux vaches à lait une énorme quantité de betteraves, si l'on a soin d'ajouter suffisamment d'aliments secs et azotés.

Dans la composition des rations, il faut tenir compte de ce fait que les betteraves conservées entières en silo diminuent de richesse à mesure qu'on s'approche du printemps. Le meilleur mode de conservation est, nous l'avons déjà dit, la fermentation en fosse.

Carottes. — Elles produisent un lait de bonne qualité ; le beurre est d'une splendide couleur et d'un goût suave. Elles sont d'une digestion très-facile et exercent une influence favorable sur les organes de l'appareil digestif.

Pommes de terre. — Crus et mélangés à des fourrages hachés dans une proportion variante de $\frac{1}{6}$ à $\frac{1}{8}$ de leur poids, ces tubercules donnent une abondante sécrétion lactée, mais le beurre est de moindre qualité. Cette alimentation convient lorsqu'on vend directement le lait. Cuits ou fermentés la quantité de lait qu'ils fournissent paraît moins abondante, mais le lait est de meilleure qualité et la somme du beurre est plus grande.

Maïs conservé en silo. — Dans les localités où la production des betteraves pour l'industrie n'est pas possible, le maïs est appelé à remplacer avantageusement cette plante. A Cerçay, à Burtin, les vaches s'en accommodent très-bien, et à Saint-Eloi nos vaches et nos brebis mérinos ont consommé avidement, après 8 mois de conserve et même 9, notre maïs ensilé.

Il convient d'y ajouter des fourrages secs et concentrés dans les premiers temps de l'ensilage seulement. Plus tard il arrive à une composition telle que les fourrages concentrés sont inutiles.

Pailles, balles, siliques.— Les pailles ne peuvent, il est vrai, suffire à elles seules aux besoins des animaux, mais cependant elles peuvent remplacer le foin dans certaines conditions, quand, par exemple, on les donne mélangées avec des fourrages aqueux et riches en matières protéiques, quand, en un mot, elles font partie d'une ration systématique.

Les balles sont les parties de la paille qui sont le plus nourrissantes. Les sommités sont plus nourrissantes que les bases, et ce serait une bonne opération de hacher les parties élevées pour la consommation et de garder les pieds pour faire la litière.

Fourrages verts. — Là où la luzerne vient bien, elle donne de très-bonne heure un fourrage vert abondant.

Le trèfle est aussi fort recommandable pour les vaches laitières. On peut aussi avoir recours aux vesces d'hiver, au seigle vert ou au mélange de ces deux plantes ; au trèfle incarnat, dès le commencement de mai. La spergule et les vesces d'été viennent plus tard et sont aussi recommandées.

Mais depuis les premiers jours de la seconde dizaine de juillet c'est le maïs qui est le fourrage vert par excellence. Et depuis lors on le donne en vert jusqu'à la fin d'octobre, et de là on continue à le donner ensilé.

La nécessité de mélanger les fourrages verts à trop haute relation avec des aliments moins azotés, et les derniers aux premiers, suivant les cas, pour maintenir l'uniformité de la ration, et empêcher le gaspillage, a fait adopter par d'illustres agronomes allemands la pratique du hachage des fourrages verts. L'application suivie que nous en avons faite cette année pour les vaches et les moutons, nous en a montré tous les avantages : cette méthode permet d'utiliser les fourrages verts au plus haut degré, par leur mélange avec les pailles, quand il s'agit des légumineuses. Pour le maïs on le mélange alors à des légumineuses, à des sons, des issues, des tourteaux, et la perte des fourrages verts, qui d'ordinaire est si considérable dans la saison des mouches, est par là complétement empêchée.

Exemples de rations calculés pour une tonne vivante (1,000 kilogrammes).

RATION D'HIVER.

	Protéine.	Graisse.	Glucosides.	Ligneux.	Ac. phosp.
	—	—	—	—	—
Betteraves 80k.......	1,2	0,08	7,6	0,6	36 gr.
Paille de blé 15k.....	0,3	6,23	4,2	7,3	36 —
Son de froment 3k...	0,5	0,12	1,4	0,5	77 —
Tourteaux de colza 2k	0,6	0,28	0,5	0,3	36 —
	2,5	0,71	13,7	8,7	185 gr.

P : H = 2,5 : 0,71 + 13,7 + 8,7 = 1 : 9,2
Gr : P = 0,71 : 2,5 = 1 : 3,5
Gl : L = 13,7 : 8,7 = 1 : 1,63

RATION DE PRINTEMPS.

	Protéine.	Graisse.	Glucosides.	Ligneux.	Ac. phosp.
	—	—	—	—	—
Luzerne 50k.........	2,3	0,45	5,7	4,7	00 gr.
Paille 20k...........	0,4	0,30	5,6	4,9	00 —
	2,7	0,75	11,3	9,6	000 gr.

P : H = 2,7 : 0,75 + 11,3 + 9,6 = 1 : 7,9 environ $\frac{1}{8}$
G : P = 0,75 : 2,7 = 1 : 3,6
Gl : L = 11,3 : 9,6 = 1 : 0,8

RATION D'ÉTÉ.

	Protéine.	Graisse.	Glucosides.	Ligneux.	Ac. phosp.
	—	—	—	—	—
Maïs 80k	1,0	0,40	8,0	3,8	00 gr.
Luzerne 33k.........	1,5	0,23	2,8	3,1	00 —
Paille 5k............	0,1	0,08	1,4	2,4	00 —
	2,6	0,71	13,2	9,3	000 gr.

P : H = 2,6 : 0,71 + 13,2 + 9,3 = 1 : 8,5
G : P = 0,71 : 2,6 = 1 : 3,6
Gl : L = 13,2 : 9,3 = 1 : 0,7

RATION D'AUTOMNE.

	Protéine.	Graisse.	Glucosides.	Ligneux.	Ac. phosp.
	—	—	—	—	—
Maïs 80k	1,0	0,40	8,0	3,8	00 gr.
Tourteau de colza 5k.	1,4	0,70	1,2	0,7	00 —
Paille hachée 6k	0,12	0,09	2,9	1,5	00 —
	2,52	1,19	12,1	7,0	000 gr.

P : H = 1,52 : 1,19 + 12,1 + 7 = 1 : 8,1
G : P = 1,19 : 2,52 = 1 : 2,1
Gl : L = 12,1 : 7,0 = 1 : 5,5

Nous n'insistons pas sur la marche à suivre dans le passage d'une ration à l'autre. On a dit plus haut comment il devait s'effectuer sous peine de perte d'aliments et de temps, double gaspillage.

V

Rations d'engraissement.

Comme dans toutes les entreprises zootechniques, l'examen rapide de la face économique du problème spécial de l'engraissement est ici d'une absolue nécessité. L'agriculteur a besoin de connaître à l'avance la production à laquelle il a dessein de se livrer, et il doit surtout rechercher la raison de la demande qui lui est faite de tels produits. Il lui appartient également, le fait est incontestable, d'étudier les causes funestes qui empêchent le débouché de grandir comme l'exige sa prospérité et celle de la nation. Il est de plus de son devoir de les signaler à l'opinion publique en même temps que les abus sous le poids desquels il courbe en gémissant sa noble tête.

C'est uniquement dans cette intention que nous faisons précéder le calcul des rations d'une courte étude sur la viande de boucherie.

a. — La viande de boucherie.

La valeur nutritive de la viande grasse diffère dans de grandes proportions de celle de la viande maigre. Dans ses recherches sur ce sujet, Breunlin a trouvé qu'il y avait dans 100 grammes de viande de

	Eau.	Eléments nutritifs.	Graisse.	Subst. muscul.
	—	—	—	—
Bœuf gras..	39	61	23,9	35,6
Bœuf maigre	59,7	40,3	8,1	30,8
Différence	— 20,7	+ 20,7	+ 15,8	+ 3,8 (1)

Ainsi la viande de bœuf maigre renferme 50 0/0 d'eau en plus que la viande grasse et réciproquement celle-ci contient un peu au delà de 50 0/0 de substance alibiles de plus que la première. N'est-ce pas, d'après cela, une folie, bien que ce soit une pratique habituelle, d'acheter la viande maigre au même prix que la viande grasse ?

La conséquence de cette anomalie est de rendre ruineuse pour le cultivateur la fabrication des animaux fin-gras, dans la plupart des conditions économiques de notre pays. On ne livre forcément à la consommation que des bêtes en état, bien avant que leur chair n'ait atteint ce degré de perfection, de puissance nutritive, de digestibilité et de sapidité qui est caractéristique de la viande grasse. Et la société tout entière souffre dans son bien-être, le cultivateur s'abîme sous le poids d'une rémunération insuffisante de son travail ; et les classes pauvres végètent par suite d'une alimentation qui n'est pas en rapport avec leur dépense journalière de force et d'argent. Le cultivateur et le pauvre (et cela ne fait souvent qu'un), ont jusqu'ici courbé la tête avec résignation, mais l'heure est venue pour eux de la relever fièrement et, la science à la main, de réclamer leur droits.

Le tableau suivant emprunté à Siegert vient confirmer et au delà les déductions précédentes. Relatif à

(1) Chem. A. Kersmann, 1859, p. 51.

la valeur nutritive des viandes grasse et maigre de différentes qualités, il conduit à des conclusions d'une importance sociale extraordinaire.

		Éléments nutritifs.	Eau.
Bœuf gras..	Cou.............	26,5	73,5
	Travers..........	36,6	63,4
	3 premières côtes.	49,5	72,5
Bœuf maigre	Cou.............	22,5	77,5
	Travers..........	22,6	77,4
	3 premières côtes.	23,5	76,5

De la comparaison de ces chiffres il découle naturellement :

Que la valeur nutritive des différentes *qualités* de la viande maigre est sensiblement la même, mais qu'il est loin d'en être ainsi pour la viande grasse. La différence est au contraire considérable, puisqu'elle est presque de 100 pour 100. En outre la viande de la dernière qualité chez les animaux gras est plus riche que celle de première qualité chez les autres ; elle contient environ un huitième en plus d'éléments nutritifs.

En conséquence, pour être conforme à la raison, la valeur commerciale des divers morceaux devrait varier comme leur valeur nutritive, et la famille humaine devrait rejeter de la consommation la viande qui n'est pas suffisamment riche.

Mais si maintenant l'on examine la pratique des choses, on est bientôt convaincu que « les prix des différentes qualités de viande ne sont nullement proportionnels à leur valeur nutritive » ; et que l'exclusion de la viande maigre est loin d'être un fait habituel.

Ce sont les classes riches qui, consommant la viande de première qualité, ont la vie au meilleur marché, tandis que les classes laborieuses et pauvres, qui vivent des viandes de qualité inférieure, payent celles-ci à un taux bien plus élevé que ne le demande la justice ; mais, comme le dit la sagesse des nations : l'eau va toujours à la rivière.

Et c'est l'agriculture et l'économie du bétail, ces deux mamelles de la France, qui souffrent le plus cruellement de cet état de choses abusif; voici comment: Les classes ouvrières et pauvres, aiguisées par le besoin, et maintenues dans l'ignorance, demandent à hauts cris la taxe sur la boucherie. Et les municipalités à qui incombe le devoir d'étudier de telles questions, les municipalités qui sont d'une ignorance insigne en ces matières, pour calmer les cris de la masse, imposent sans en savoir les funestes conséquences, l'odieux maximum.

O officiers municipaux ! avant de commettre un tel acte de pouvoir, n'avez-vous pas réfléchi à l'abîme qui s'entr'ouvre sous vos pas ? Ne comprenez-vous pas que taxer la viande, c'est forcer les bouchers à débiter une moins bonne marchandise, et fatalement obliger les cultivateurs qui ont besoin de vendre, c'est à dire le plus grand nombre, à passer par des prix qui ne sont nullement rémunérateurs ? Ignorez-vous donc que mettre les bouchers dans une telle situation, c'est nécessairement rendre au pauvre la vie plus chère, loin d'en abaisser le prix ? Voulant apaiser les murmures excités par la faim, vous appliquez un remède pire que le mal, puisqu'il ruine le cultivateur et qu'il trompe le pauvre. Non ! ce n'est pas le peuple qui profite de ce monstrueux régime d'oppression: c'est la classe aisée, c'est la municipalité qui en est extraite, aux dépens de Jacques-Bonhomme. Mais que les classes riches payent la viande qu'elles consomment ce qu'elle vaut, au lieu d'être comme dans certaines villes les premières à demander la taxe, et l'on pourra donner pour leur juste valeur les morceaux de moindre qualité, et les cris du pauvre ne viendront plus blesser leur oreille.

Oui, les classes dirigeantes, comme elles aiment à être appelées, sont aveugles en cette question comme en bien d'autres. Qu'elles s'éclairent ! car le réveil des peuples est terrible, surtout quand c'est la faim qui l'amène. Que les municipalités se gardent de toute intervention ; et qu'elles se souviennent que leur seul devoir et leur unique droit est, en matière économique, de garantir la liberté et la sécurité des transactions.

Après avoir jeté son cri de réclamation à la face du monde, dans le but de diffuser la lumière et de réclamer la justice, l'agriculteur doit chercher à profiter autant que possible de l'état économique actuel du pays. A celui qui veut entreprendre l'engraissement parce que la demande des bêtes de boucherie est active, se présente le dilemme suivant : Faut-il faire des animaux fin-gras ou ne faut-il produire que des animaux demi-gras ? — Si la société était ainsi qu'elle devrait être, et si une douce harmonie régnait entre toutes ses parties, la réponse serait nette, catégorique : il serait évidemment avantageux pour l'engraisseur de faire partout, de faire quand même des animaux fin-gras, car il en trouverait toujours un facile débouché.

Mais en attendant que la lumière soit victorieuse des ténèbres, l'engraisseur, dont le but est de gagner de l'argent, et qui ne peut enrichir la société qu'en faisant bien ses affaires, l'engraisseur doit plier devant les difficultés, et ne pas se raidir contre un obstacle aujourd'hui insurmontable. Il doit, avant de se décider pour l'une ou l'autre solution, considérer le *débouché* dont il peut disposer. Près d'une grande ville, d'une ville riche, la fabrication des animaux fin-gras est possible ; c'est même le mode le plus avantageux de faire consommer des aliments aux machines animales. Mais dans toute autre condition, il est rarement avantageux de pousser les animaux au delà d'un certain degré d'engraissement qu'on caractérise par l'appellation de demi-gras, car la consommation ne paierait pas un centime de plus pour l'excédant de valeur que ceux-ci pourraient acquérir. — C'est donc la considération du débouché qui doit servir de guide en cette affaire.

b. — Calcul des rations.

Le but de l'engraissement est d'augmenter la proportion de viande et de graisse chez les animaux destinés à la consommation. Pour atteindre cette fin il est nécessaire que l'alimentation réponde à certaines conditions harmoniques avec elle. Elle doit d'abord évidemment contenir tout ce qui est indispensable à la formation des tissus musculaires et adipeux en quantité et en proportion convenables. Or l'on sait que les matières protéiques sont les matériaux indispensables à toute formation organisée, et que la matière grasse du tissu adipeux provient des matières grasses alimentaires et des hydrates de carbone, et qu'elle est aussi de première importance dans le développement organique. Conséquemment dans toute opération d'engraissement on doit fournir en abondance ces matériaux formateurs.

Les règles qui doivent servir à la fixation des quantités absolues et relatives ont été établies par l'expérimentation ; et la solidité des points de repère fixés ne saurait être mise en doute, puisque le raisonnement les confirme. Voici en effet à quelles conclusions les expériences des savants allemands les ont amenés :

D'abord tout le succès de l'alimentation dépend d'un rapport convenable entre les différents groupes d'éléments nutritifs de la ration. Et plus l'opération doit être menée rapidement, plus aussi la ration doit être riche, intensive. Il convient de donner par quintal vivant :

de $0^k,3$ à $0^k,45$ de protéine
$0^k,09$ à $0^k,20$ de graisse
$1^k,2$ à $1^k,5$ de glucosides

et de 3 à 2,5 d'éléments secs totaux. Le rapport nutritif entre la protéine d'une part et la graisse plus les glucosides doit aller en augmentant, et la quantité totale d'aliments secs en diminuant. Julius Kühn indique comme extrêmes de la valeur du rapport sus-dénommé $\frac{1}{5}$ à $\frac{1}{3}$.

L'observation raisonnée et la science conduisent à des résultats analogues. Ils ont le mérite d'avoir été obtenus scientifiquement, tandis que ceux-là sont empiriques. Si en effet on examine ce qui se passe depuis la naissance jusqu'à l'âge adulte, on remarque que l'accroissement de l'organisme est d'autant plus rapide que l'on considère une époque plus rapprochée de l'origine, et qu'il va en diminuant jusqu'à l'âge de la maturité. C'est là l'indice de la marche de l'activité organique de formation des tissus. Que, d'autre part, l'on considère comme nous l'avons fait plus haut l'alimentation *naturelle* qui correspond à ces diverses périodes, et l'on voit qu'en même temps que diminue l'activité de formation des cellules, formes primitives des éléments des tissus, la loi des relations suit une marche descendante dont les limites extrêmes sont d'un même coup déterminées. On peut donc tirer de cette observation la conclusion rigoureuse et parfaitement naturelle que l'activité organique est corrélative de la loi des rapports alimentaires. A une valeur faible ou élevée des rapports correspond une activité formatrice petite ou grande.

D'après la définition de l'engraissement posée plus haut, il est évident que l'alimentation doit être réglée en vue de développer insensiblement et d'autant plus vite que l'opération doit durer moins longtemps, l'activité formatrice des tissus dont on a l'accroissement, l'accumulation en vue. La marche à suivre est alors une marche inverse de celle que l'on a suivie dans l'élevage, puisque l'on part d'une activité formatrice nulle pour aller jusqu'au maximum de puissance de celle-ci. D'où la conclusion que la loi des relations doit prendre un cours ascendant. Son origine est nécessairement marquée au point où la valeur des rapports correspond à l'activité minima, celle qui correspond à la limite supérieure de l'entretien. A mesure que l'activité se développe sous l'influence du régime qui l'excite, la valeur des rapports doit augmenter, pour accroître encore la puissance formatrice de l'organisme exploité. Quant à la limite supérieure, elle va théoriquement jusqu'à la valeur de la loi pendant l'allaitement, mais dans la pratique elle est en général restreinte, parce qu'il faut que l'opération reste lucrative, que les fourrages consommés soient bien payés. D'une manière générale les limites précises de la loi des rapports sont inverses de celles qui correspondent à la troisième période de l'élevage. Dans certains cas, où le débouché permet de rechercher économiquement un fini d'engraissement remarquable, on peut empiéter sur la seconde période, et s'avancer jusqu'en son milieu. Mais cette marche anormale de la machine vivante ne peut être poussée au delà de certaines limites qui sont variables avec les dispositions de l'organisme. Dès qu'il juge que le maximum est atteint, l'engraisseur doit arrêter l'opération dont la consommation serait sinon dangereuse, du moins anti-économique et par là même absurde.

Pour ce qui est des quanta de protéine et des autres principes nutritifs par 100 de poids vivant, ils sont déterminés par les mêmes considérations, et nous croyons inutile d'y insister.

Généralement on divise la pratique de l'engraissement en trois périodes à compter du moment où l'animal se trouve en *bon état*. La durée des périodes varie avec l'intensité de l'opération. Dans l'engraissement intensif, qui est de beaucoup le plus recommandable, à cause des résultats qu'il donne, la durée de chacune d'elles est approximativement de 20 à 30 jours. Dans l'engraissement extensif, qui dure jusqu'à six mois, la première période est beaucoup plus longue, ainsi que la seconde. Les points de repère qui servent à la détermination des rations relatives à chacune d'elles sont évidemment variés suivant la marche que l'on veut donner à l'opération. Mais c'est dans l'engraissement plus que partout ailleurs, à cause de l'exaltation de l'activité digestive, que l'on doit avoir le plus grand soin de ménager des transitions insensibles dans les changements de nourriture, car plus que dans toute autre circonstance les désordres qui s'en suivent sont marqués. Même lorsqu'il s'agit de passer à une alimentation plus riche, les animaux perdent de leur poids par les changements brusques. C'est surtout lors de l'augmentation subite des matières azotées que leur utilisation devient imparfaite. On doit toujours commencer par des rations peu riches en éléments protéiques. Ce n'est que lorsque les organes de la digestion sont habitués par une alimentation de plus en plus intensive aux effets d'une plus grande quantité de matières nutritives, et les tissus à une formation plus rapide, que l'on doit administrer la ration maxima.

Ces principes posés, il convient de les résumer pour en faciliter l'usage et mieux faire comprendre combien est systématique notre méthode d'alimentation, en permettant de faire rapidement le rapprochement de ses diverses parties.

Tableau des valeurs de la loi des relations et des quanta de substances azotées pour l'opération de l'engraissement.

SYMBOLE de la loi des relations.	PROTÉINE par quintal vivant.	LOI DES RELATIONS		
		Relation digestive.	Relation adipo-protéique.	G*l* : L
Engrais. intensif ordinaire.	0,25	1 : 8 : 9	1 : 4	1 : 0,9
	0,30	1 : 7	1 : 3,5	1 : 0,8
Engrais. intensif supérieur.	0,35	1 : 6.	1 : 3	1 : 0,7
	0,40	1 : 5	1 : 2,5	1 : 0,6
	0,45	1 : 4	1 : 2,2	1 : 0,5

La première série de chiffres est relative à la période préparatoire à l'engraissement, destinée à mettre l'animal en bon état, et l'engraissement proprement dit ne commence qu'avec les relations 1/7 1/3,5 1/0,8. Remarquons, en passant, comme nous l'avons déjà fait à propos des rations d'élevage, que la première colonne relative aux quanta de protéine ne doit être considérée que comme une indication générale. Dans les chapitres des généralités on a vu combien il est préférable de nourrir les animaux à volonté avec le mélange scientifiquement constitué d'après la loi des relations. « L'emploi et l'utilisation des fourrages dépendent d'un rapport convenable entre les groupes d'éléments nutritifs dans le mélange des fourrages, et la ration doit toujours être réglée dans ce but. Aussi les animaux peuvent bien recevoir autant de fourrages, qu'ils en peuvent manger, mais non pas d'un seul fourrage, pour éviter un rapport défavorable et une perte d'éléments nutritifs passés sans être utilisés dans les excréments. *Ils ne doivent manger jusqu'à complète saturation* que le mélange normalement calculé. » (J. Kühn, trad. Roblin.)

c. — Mise en pratique des données précédentes.

Criterium du progrès de l'opération. — Aliments recommandables. — Boissons, température. — Rations calculées.

Les deux tableaux de la section *a* montrent que la proportion de substances sèches et de matières grasses augmente avec l'engraissement. On ne peut donc pas juger du progrès de l'opération par le seul accroissement du poids des sujets. Il intervient ici la notion de la qualité qui correspond à ce fait que la viande devient moins aqueuse et plus riche en graisse. Il n'y a que l'excès de matières sèches sur l'eau exhalée qui soit sensible à la balance, mais le kilogramme de principes nutritifs qui remplace le litre d'eau n'en est pas moins à compter finalement. D'après les illustres savants Lawes et Gilbert, 1 kilogramme d'accroissement dans les derniers temps de l'engraissement correspond à 700 et 750 grammes de matière sèche, dont 600 à 650 grammes de graisse et 70 à 80 grammes de matières protéiques, avec 10 à 15 grammes de matières minérales, tandis qu'au commencement 1 kilogramme d'augmentation ne correspond qu'à 300 ou 400 grammes. D'où il suit qu'il faut environ deux fois plus de substances nutritives à la fin de l'engraissement pour produire 1 kilogramme de poids vif. L'appréciation de la qualité, qui se fait au moyen des maniements, ne doit donc pas être négligée. Combinée avec celle de l'augmentation de poids, elle forme le seul criterium valable dans l'entreprise zootechnique dont il s'agit.

Cela posé comme conséquence des données de la section *a*, il est nécessaire de faire une revue rapide des aliments qui, dans la situation actuelle du pays, sont en général les plus économiques à employer.

Ce qui doit servir de guide dans l'emploi des fourrages ou aliments, c'est d'abord la provision qu'on en a. Le prix courant comparé à la composition immédiate, est ensuite l'indicateur des mutations et des importations qu'il convient de faire.

Foins. — C'est dans l'engraissement que l'on doit rechercher le fonctionnement de la machine animale le plus intensif. D'où il suit que c'est alors qu'il faut surtout couvrir l'entretien des animaux avec leur aliment naturel, le foin de pré. Qu'on en donne en général 1 0/0 environ du poids vif, cela suffit. Mais il est malheureusement des cas où il est impossible de le faire, même dans ces limites restreintes. — Les foins de luzerne, de trèfle, etc., riches en matières protéiques, sont d'un emploi très-avantageux dans cette opération. Ce sont des aliments complémentaires précieux. Quand on ne peut donner de foin de pré, ils le remplacent dans une certaine mesure. En général, lorsqu'on donne beaucoup de foin dans les rations d'engraissement, il est préférable de ne pas donner tout brut. On en hache une certaine partie, que l'on mélange aux autres aliments. Si ceux-ci sont traités par la fermentation, on opère simplement un mélange. Sinon, il serait préférable, avant de le faire, de traiter le foin haché par l'eau chaude, ou mieux par la vapeur. Les foins, administrés d'une manière convenable, sont en général bien payés dans l'engraissement.

Fourrages verts. — En beaucoup d'endroits l'engraissement a lieu au pâturage dans les bonnes prairies naturelles. La viande qui en résulte est d'excellente qualité. Mais c'est ici surtout que la surveillance la plus active doit toujours régner, pour que l'engraisseur puisse donner à l'étable ce qu'il juge faire défaut dans son pâturage. Comme en général les bonnes prairies d'engraissement sont basses et humides, il convient, pour accélérer celui-ci, de donner un peu de bon foin sec avant le départ du matin. Si le pâturage n'était pas assez abondant, on le compléterait par une bonne distribution de luzerne, trèfle, vesces en vert, etc. Il faut aussi considérer que le moins de mouvement possible est une condition de prompte réussite.

L'engraissement au vert à l'étable est analogue au précédent. Les légumineuses vertes sont très-bonnes pour l'engraissement tant qu'elles ne sont point en fleurs. Il convient de les hacher et de les mélanger avec du foin et de la paille en quantités variables suivant leur degré de végétation. Il est inutile d'ajouter des grains et d'autres aliments à haute relation digestive.

L'engraissement mixte au pâturage et à la bergerie se pratique avantageusement avec le mouton. Le maïs haché, mélangé avec des moutures de grains riches en azote et des tourteaux concassés, forme une excellente nourriture complémentaire du pâturage champêtre. L'essai que nous avons fait nous a si bien contenté que nous avons généralisé l'emploi de cette méthode. On croit difficilement que les moutons puissent manger les grosses tiges du maïs géant qui atteint 3 mètres passés de hauteur, à moins qu'elles ne soient découpées très-finement. L'expérience nous a montré qu'il n'était pas nécessaire de les hacher aussi menues que nous le croyions d'abord. Avec le grand hache-paille Dombasle, qui coupe à trois longueurs, il convient de prendre la longueur intermédiaire qui correspond à $0^{m},034$. La longueur maxima du même instrument convient parfaitement aux bovidés, elle correspond en moyenne à $0^{m},059$. Dans l'ensilage, plus on découpe fin et mieux l'opération réussit.

Les fourrages verts fermentés, dernières coupes de luzerne, moha, maïs, vesces, conviennent parfaitement dans l'opération qui nous intéresse. Mais il faut, comme dans tous les autres cas, avoir grand soin de compléter les exigences de la loi des rapports avec d'autres aliments en harmonie avec les déficits. Les stations agronomiques et les laboratoires particuliers de chimie agricole qui se multiplient aujourd'hui en France, permettent aux cultivateurs d'avoir des renseignements sur la valeur de tous les aliments dont ils peuvent disposer pour une dépense relativement très-faible, en se contentant de réclamer les dosages des matières azotées totales, des substances solubles dans l'éther, et du ligneux ou des glucosides.

Racines et tubercules. — Leurs résidus. — Les pommes de terre sont les meilleurs tubercules pour l'engraissement. Leur prix élevé peut seul quelquefois empêcher leur emploi. Il ne convient évidemment pas de les donner crues, mais cuites à la vapeur, et mélangées avec de la paille et du foin hachés, et des fourrages riches en matières protéiques. Il est bon d'en donner en moyenne de 5 à 10 kilogrammes par quintal vif.

Les résidus de féculerie s'emploient également. Ils sont bien meilleurs quand ils ont été cuits à la vapeur ou à l'eau. Il est important de ne pas oublier de les compléter.

Les betteraves, vu les forts rendements qu'elles fournissent, forment encore, là où le maïs ne les a pas détrônées, la base de l'alimentation d'hiver. Additionnées d'une quantité de menue paille ou bien de paille ou de foin hachés, et de matières riches en protéine, elles constituent la base d'un régime excellent, surtout quand le mélange est échauffé et ramolli par la fermentation, qui développe en même temps des condiments très-appréciés des ovidés, des bovidés et des suidés. On en donne de 5 à 10 kilogrammes pour 100 de poids vivant.

Les pulpes de betteraves pressées et fermentées en fosses, forment pour l'engraissement un aliment recommandable ; il est bien plus recherché et plus digestif alors qu'à l'état frais. Les pulpes humides doivent être traitées de même ; mais la viande qu'elles fournissent a moins bon goût et la graisse plus molle est moins propre à la fonte. Mais quand on mélange aux pulpes assez de fourrages secs et riches on n'a qu'à se louer de leur emploi.

Les *résidus de brasserie* sont très-bons pour l'engraissement.

Aliments concentrés. —Le son et les tourteaux sont les aliments concentrés préférables. En outre de ses qualités nutritives élevées, le son de froment est un léger apéritif, et il empêche l'échauffement. Les tourteaux en général sont très-précieux pour combler les déficits de matières protéiques et grasses. Leur emploi rationnel permet de faire varier les relations alimentaires avec la plus grande facilité. Les farines de légumineuses sont aussi très-bonnes, mais moins économiques que les aliments précédents, outre qu'elles constipent. Celles de céréales sont surtout avantageuses dans la troisième période pour fournir des hydrates de carbone facilement assimilables. Enfin, pour combler le déficit des matières grasses, on emploie avec avantage la farine de graine de lin. Elle jouit à un plus haut degré des propriétés émollientes du son.

On donne en général par tête de bétail de 500 grammes jusqu'à 3 kilogrammes de son et de tourteaux de colza, et pour la graine de lin on peut aller jusqu'à 3 kilogrammes, mais on en donne généralement moins.

Les tourteaux sont donnés concassés et mélangés au moment du repas avec les autres aliments. Le son et les farines sont donnés surtout en soupes tièdes aux bovidés. La graine de lin est réduite en farine et cuite pour la mélanger aux soupes précédentes auxquelles on ajoute le sel de la ration. Les boissons nutritives comme celles-là agissent très-favorablement sur les animaux à l'engrais, et l'on doit s'efforcer de leur en faire beaucoup consommer, en combattant leurs effets débilitants par des fourrages secs. En outre de ces boissons, il faut toujours laisser aux animaux suffisamment d'eau pour qu'ils ne souffrent jamais de la soif. (*V.* 1re partie, Boissons.) La température de l'eau, comme celle des étables et des bergeries, doit toujours être maintenue autant que possible à 16° C.

Rations calculées.

1er Exemple.

Deux vaches pesant ensemble 1,208 kilogrammes à l'origine, ont été soumises à l'engraissement intensif pendant l'hiver 1874 à l'école de Grignon, et elles ont reçu pendant le cours de l'opération les rations suivantes établies par M. André Sanson, professeur de zootechnie :

Distribution de la nourriture.

5h. 1/2 du matin, $\frac{3}{8}$ du mélange de betteraves, balles et tourteaux, et moitié du foin. — 11 h. 1/2, boisson tiède à l'étable. — 12 heures, deuxième repas : $\frac{2}{8}$ du mélange, soupe de son et graine de lin, seconde moitié du foin. — 4 heures du soir, boisson tiède à l'étable. — 5 heures, troisième repas : $\frac{3}{8}$ mélange et paille pour la nuit.

Température de l'étable, 12 à 20° C.

DÉSIGNATION des aliments.	POIDS brut.	PROTÉINE.	GRAISSE.	GLUCOSIDES.	LIGNEUX.
	kilogr.				
1re PÉRIODE.					
Foin de pré	10,00	0,58	0,11	1,81	1,23
Betteraves (globe-jaune)	72,00	0,88	0,07	6,74	2,45
Tourteau de colza	5,00	1,20	0,40	1,02	0,67
Son de froment	3,5	0,42	0,11	1,36	0,55
Graine de lin	0,7	0,13	0,16	0,11	0,48
Balles d'avoine	8,0	0,28	0,10	1,93	2,33
Sel	0,1	»	»	»	»
		3,49	0,95	12,97	7,71
2e PÉRIODE.					
Foin de pré	10,00	0,58	0,11	1,81	1,23
Betteraves (globe-jaune)	66,00	0,80	0,06	6,18	2,22
Tourteau de colza	7,00	1,76	0,60	1,50	0,98
Son de froment	3,5	0,42	0,11	1,36	0,55
Graine de lin	0,9	0,17	0,24	0,14	0,06
Balles d'avoine	8,0	0,28	0,10	1,93	2,33
Sel 120 grammes	»	4,01	1,22	12,92	7,37
3e PÉRIODE.					
Foin de pré	10,00	0,58	0,11	1,81	1,23
Betteraves (globe-jaune)	50,00	0,60	0,05	4,68	1,70
Tourteau de colza	7,00	1,76	0,60	1,50	0,98
Son de froment	4,00	0,48	0,13	1,56	0,63
Graine de lin	0,9	0,17	0,24	0,14	0,06
Balles d'avoine	4,00	0,14	0,05	0,96	1,16
Sel	0,17	»	»	»	»
		3,73	1,18	10,65	5,76

DÉSIGNATIONS.	1re période.	2e période.	3e période.
Relation digestive	1 : 6,2	1 : 5,3	1 : 4,7
Relation adipo-protéique	1 : 3,6	1 : 3,2	1 : 3
Rapport des glucosides au ligneux (1)	1 : 0,6	1 : 0,57	1 : 0,54
Coefficient de digestib de la protéine	0,59	0,63	0,659
Protéine digérée	2,059	2,255	2,459

(1) La paille donnée pour la nuit dut abaisser ce rapport dans certaines proportions.

Poids à l'origine de la 2e période: 13 quintaux ;— à l'origine de la 3e : 13 quint. 40.

Poids final : 13 quint. 76 au bout de 81 jours; en moyenne : 13,76 — 12,08 = 1 quint. 68, soit par jour 2 kilogr. 074.

2e EXEMPLE.

Ration indiquée par J. Kühn (*Alimentation du bœuf*, page 281, édition Roblin), pour un bœuf de 500 kilogrammes.

PREMIÈRE PÉRIODE.

25 kilogr.		betteraves.
2 —		paille d'avoine hachée.
2 —	05	paille donnée à la fin du repas du soir.
4 —		foin de trèfle rouge.
1 —	05	son de seigle.
2 —		tourteau de colza.
0 —	25	farine de lin.
0 —	05	sel.

Contenant, d'après la moyenne des tables :

Protéine 1,75.
Graisse 0,57.
Glucosides 6,3.
Ligneux 3,0.

Relation disgestive $\frac{P}{H} = 1 : 7,1.$

Rapp. adipo-prot. $\frac{Gr}{P} = 1 : 3,0.$

Glucos. : L $= 1 : 0,6.$

Coefficient de digestib. de la protéine 0,558.
Protéine digérée 0,977.

2e PÉRIODE.

30 kilogr.	betteraves.
2 —	paille d'avoine hachée.
2 —	paille d'avoine entière.

4 kilogr. trèfle rouge.
1 — 5 son de seigle.
3 — tourteaux.
0 — 50 farine de lin.
0 — 05 sel.

Contenant, d'après la moyenne des tables:

Protéine 2,13.
Graisse 0,75.
Glucosides 6,85.
Ligneux 4,00.

$\frac{P}{H} = \frac{1}{5,4}$.

$\frac{Gr}{P} = \frac{1}{2,8}$.

$\frac{Gl}{L} = \frac{1}{0,58}$.

Coefficient de digestib. de la protéine = 0,625.
Protéine digérée = 1,330.

3e PÉRIODE.

25 kilogr. betteraves.
1 — 05 paille d'avoine hachée.
1 — 05 paille entière.
4 — foin de trèfle rouge.
2 — orge égrugée.
2 — 05 tourteau de colza.
0 — 75 farine de lin.
0 — 83 sel.

Contenant, d'après la moyenne des tables:

Protéine 2,9.
Graisse 0,775.
Glucosides 6,5.
Ligneux 3,40.

$\frac{P}{H} = \frac{1}{3,70}$.

$\frac{Gr}{P} = \frac{1}{2,5}$.

$\frac{Gl}{L} = \frac{1}{0,52}$.

Coefficient de la protéine $= 0,71$.
Protéine digérée $= 2,07$.

Distribution des repas.

Les betteraves découpées sont mélangées sur l'heure aux tourteaux et données immédiatement. Les fourrages concentrés sont donnés en soupe tiède.

Matin, 5 heures. On donne en trois portions 3/8 du mélange betteraves, paille hachée, tourteaux, puis 2 kilogrammes foin entier.

10 heures. Boisson chaude à l'étable,

11 heures. 2/8 du mélange en deux fois, 2 kilogrammes foin entier.

Soir, 4 heures. Boisson chaude.

5 heures. 3/8 du mélange en trois fois. Paille entière.

VI

Production de la force.

Aujourd'hui personne ne conteste que le tissu musculaire ne soit le siége de la force que produit l'organisme animal. On sait que ce sont ses contractions, qui, agissant sur les leviers du squelette, produisent le mouvement. Mais le muscle lui-même n'est pas le producteur de la force, il n'en est que le récepteur, de même que la chaudière de la locomotive. D'où vient donc cette force que le muscle emmagasine ? qu'est-ce qui la produit ?

Il est démontré à cette heure, que la force n'est qu'une transformation du calorique ; et l'expérimentation a fait ressortir la loi d'équivalence d'après laquelle se fait cette transformation : 1 calorie équivaut à 425 kilogrammètres (1). Eh bien, dans la machine animale comme dans la machine à vapeur, la force est de la chaleur transformée. D'où vient-elle ? c'est ce qu'il nous reste à montrer. — Dans la locomotive, l'origine n'en est pas douteuse : c'est la combustion du charbon dans la boîte à feu qui la produit. Pour ce qui est de la machine animale, la chose n'est pas aussi facile à saisir. Cette chaleur qui, dans le tissu musculaire se

(1) On appelle calorie la quantité de chaleur nécessaire pour élever la température de 1 kilogr. d'eau pure de 0° à 1° C. — Le kilogrammètre est la quantité de travail nécessaire pour élever à 1 mètre de hauteur un poids de 1 kilogramme.

transforme en force, provient-elle d'une combustion véritable, d'une combinaison directe de l'oxygène aux principes combustibles du plasma sanguin, comme cela se passe dans la machine citée plus haut ? S'il en était ainsi, la force disponible des animaux serait proportionnelle à la quantité de ceux des principes immédiats qui ont la plus grande puissance calorifique : les matières grasses et les hydrates de carbone ; les autres, principes protéiques, ne servant que de matériaux de construction et de réparation. Les considérations suivantes infirment complétement cette manière de voir.

Ainsi d'après E. Wolff, le cheval non chargé a besoin de 900 grammes de protéine, et d'après Grouven, il lui en faut, pour exécuter un travail pénible, 1,615 grammes. Dans le premier cas, le cheval exige 4,350 grammes d'éléments hydrocarbonés (1), et dans le second 8,225 grammes des mêmes principes. Les suppléments alimentaires sont donc :

Protéine = 715 grammes; hydrates de carbone 3,875 (1).

D'après Em. Wolff, le bœuf non chargé exige 450 grammes de protéine et 3,600 grammes de substances ternaires (1). En plein travail il lui faut 958 grammes de matières azotées, et 5,200 grammes d'hydrates de carbone (1).

Les suppléments alimentaires sont donc :

Protéine 500 grammes; hydrates de carbone (1) 4,600 gr.

Le rapport entre les suppléments azotés est $\frac{715}{500} = 1,43$; et celui des suppléments des matières combustibles égale $\frac{3,875}{1,600} = 2,42$.

(1) Glucosides.

Examinons maintenant l'aptitude au travail de chacun des moteurs vivants considérés.

Celle du cheval est de. ... 2,168,470 kilogrammètres.
et celle du bœuf de .... 1,352,156 —
et leur rapport égale........ $\frac{2,168,470}{1,352,156} = 1,60.$

Les quantités de travail disponibles sont donc entre elles comme les compléments de protéine (1,43 et 1,60), et pas du tout proportionnels aux suppléments de substances ternaires (1,60 et 2,42).

Il est donc permis d'affirmer que la chaleur qui s'accumule dans les muscles pour se manifester ensuite sous forme de force, a principalement les transformations que subit la protéine dans les profondeurs de leurs tissus pour source. C'est par une suite de substitutions opérées sous l'influence de la vie des éléments du muscle que le phénomène a probablement lieu. Ce sont les échanges nutritifs qui s'opèrent continuellement dans la cellule vivante en vertu de sa motricité propre, qui ont pour conséquence le travail mécanique. Celui-ci ne se manifeste pas nécessairement sur l'heure, il s'accumule, s'emmagasine dans le muscle ; et lorsque ce dernier entre en fonctionnement il puise à cette source d'énergie potentielle, jusqu'à complet épuisement. C'est alors que le repos est nécessaire, ainsi que la reconstitution de l'amas de puissance motrice.

C'est donc la protéine, qui du reste forme la base du tissu musculaire, qui est le principe immédiat nutritif producteur de la force. Et la puissance motrice d'un animal est proportionnelle à la quantité que lui en fournit une ration normalement constituée.

Ce principe établi, il est nécessaire, pour les besoins

de la pratique, de déterminer aussi exactement que cette question le comporte la loi d'équivalence entre ces deux choses : protéine et travail (dans le sens mécanique du mot). Le problème n'est pas aussi difficile à résoudre qu'on le pourrait croire tout d'abord. En effet, si l'on désigne par T le nombre de kilogrammètres produits par P kilogrammes de protéine ; et par x le nombre de kilogrammètres que produit 1 kilogramme de protéine, l'équation du problème est :

$$T = P \times x. \tag{1}$$

P est une quantité connue, et T est facilement déterminable à l'aide du dynamomètre et des données de mécanique animale que la science possède. Par conséquent la seule inconnue x est facile à tirer de l'équation :

$$x = \frac{T}{P}. \tag{2}$$

C'est cette quantité que nous appellerons désormais le coefficient mécanique de la protéine, car c'est le nombre par lequel il faut multiplier la protéine exprimée en kilogrammes d'une ration systématique pour obtenir le travail que l'on peut en tirer, exprimé en kilogrammètres.

La détermination expérimentale du coefficient mécanique de la protéine a été faite par M. A. Sanson en prenant pour bases les données d'une très-longue pratique. D'après ce savant un cheval des omnibus de Paris, pesant en moyenne 500 kilogrammes, produit, tant pour se mouvoir que pour traîner sa charge, un travail exprimé en nombre rond par 2,000,000 de kilogrammètres. La ration nécessaire pour produire un tel travail, déterminée par une longue expérience, est par cheval et par jour de

	Poids brut.	D'APRÈS LA MOYENNE DES TABLES. Protéine.	Substances hydrocarbonées.
	—	—	—
Foin de pré............	$3^k,75$	0,307	2,647
Avoine................	$8^k,00$	0,960	5,728
Son..................	$1^k,00$	0,135	0,671
		1,402	9,046

la relation digestive est donc 1 : 6,1.

En retranchant de la protéine totale la quantité qui est nécessaire pour l'entretien au repos, soit d'après M. Sanson 150 grammes, il reste 1,250 de protéine brute pour la production des 2,000,000 de kilogrammètres. En introduisant ces valeurs dans l'équation (2) on a :

$$x = \frac{2,000,000}{1,250} = 1,600,000 \text{ kilogrammètres.}$$

Dans l'application, il serait plus exact de considérer le coefficient mécanique de la protéine digérée que la relation digestive permet d'évaluer avec assez d'exactitude.

Pour le cas considéré, le coefficient de digestibilité de la protéine est 0,595 et la quantité digérée de ce principe égale 1,402 × 0,595 = 0 kilogr. 835, dont 90 grammes pour l'entretien au repos. Il reste donc disponible 0 kilogr. 744 pour la production du travail indiqué. Par suite, d'après l'équation (2) :

$$x' = \frac{2,000,000}{0,744} = 2,688,000 \text{ kilogrammètres.}$$

Si maintenant nous calculons le coefficient mécanique de la protéine d'après l'hypothèse de sa transformation en urée selon la formule:

$$2\,(C^{40}H^{31}Az^{5}O^{12}) + O^{163} = 5\,(C^{2}Az^{2}H^{4}O^{2}) + 70\,CO^{2} + 42\,HO$$

on trouve que 764 grammes de protéine abandonnent 420 grammes de charbon et 42 grammes d'hydrogène. La chaleur de combustion de ces deux corps dans l'oxygène étant 8,000 calories pour le premier et 34,500 pour le second, la quantité de calorique dégagée par leur union avec l'oxygène s'élève à 3,360 calories provenant du charbon et 1,449 calories ayant pour source l'hydrogène : en somme 4,809 calories. En rapportant ce nombre à 1 kilogramme on obtient 6,294 calories qui correspondent, d'après la loi d'équivalence, à 6,294 $\times$ 425 = 2,675,000 kilogrammètres.

En rapprochant ce nombre du précédent, on remarque que leur concordance est presque parfaite. Conséquemment nous admettons la moyenne de ces deux nombres 2,680,000 comme l'expression du *coefficient mécanique de la protéine digérée.*

Toutes les applications pratiques du coefficient mécanique de la protéine digérée découlent de l'équation (1) :

$$T = Px'.$$

que l'on peut écrire maintenant :

$$T = P \times 2{,}680{,}000. \qquad (3)$$

Sans lui faire subir aucune modification, elle donne la solution du premier problème pratique : *Étant donnée une ration, quelle quantité de travail peut-on en obtenir ?*

Le calcul est, comme on le voit, fort simple : il consiste à déterminer la protéine brute de la ration, la relation digestive et conséquemment le coefficient de digestibilité de la protéine relatif à la ration donnée, ce qui se fait, soit au moyen du tableau graphique, soit au moyen de la formule (1re partie, III, B, *c*).

Une multiplication donne la protéine digérée. Le produit obtenu multiplié par 2,680,000 donne le travail total :

$$T = P\text{ brute} \times C\text{ (coeff. de dig.)} \times 2{,}680{,}000. \qquad (4)$$

En mettant l'équation (3) sous la forme

$$P = \frac{T}{2{,}680{,}000} \qquad (5)$$

on a la protéine qu'il est nécessaire de donner pour effectuer un travail extérieur déterminé. La relation digestive étant déterminée par les exigences des animaux, le coefficient de digestibilité de la protéine C est connu et par suite on obtient la protéine brute par la formule

$$P\text{ brute} = \frac{T}{C \times 2{,}680{,}000}.$$

Au moyen de ces formules très-simples on arrive exactement à fournir une alimentation toujours en rapport avec la dépense. La réparation est toujours complète sans qu'il y ait jamais gaspillage par un apport exubérant de matériaux coûteux. Au point de vue de l'hygiène du cheval en particulier cela a la plus grande importance, car « lorsque cette relation n'est pas attentivement observée, il succombe presque infailliblement à la terrible affection connue sous le nom de morve. » (A. Sanson.)

Mais pour que le cultivateur puisse facilement employer ces formules, pour que la *relation* nécessaire soit toujours par lui rigoureusement établie, il faut qu'il possède des *moyens pratiques* d'évaluer le travail. Les données qui vont suivre à ce sujet sont bien incomplètes encore, mais elles permettent déjà la mesure approximative du travail dans le plus grand nombre des opérations agricoles.

1° *Effort moyen déployé par l'animal aux diverses allures pour le transport de sa masse.*

D'après la définition même du travail, un animal qui se transporte d'un point à un autre en fait une certaine dépense, puisqu'il déplace un certain poids, le sien.

On évalue qu'en général l'effort moyen correspondant à l'allure du pas égale le 20e du poids de l'animal. Au trop et au galop, il en égale le 10e.

Quand l'animal porte une charge à dos, le poids de celle-ci doit s'ajouter au poids du moteur, dans le calcul.

Voilà pour le déplacement à plat. Dans les montées l'évaluation se complique. Lorsque l'animal se déplace sur un plan incliné, qu'il gravit une côte, l'effort est augmenté d'une quantité qui dépend de l'angle du plan avec l'horizon.

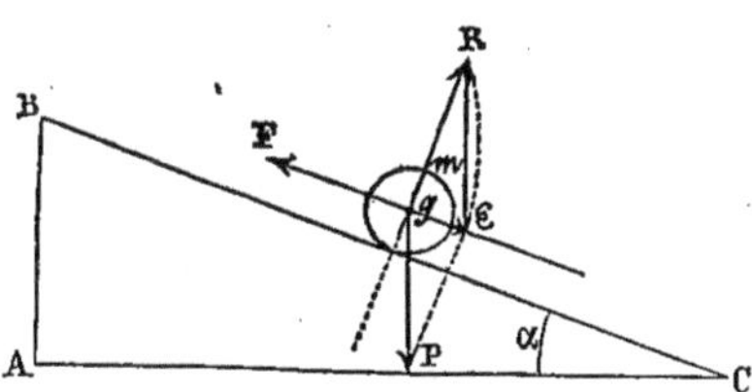

Soit B C un plan incliné, faisant un angle α avec l'horizon AC ; m un corps que la force F fait monter sur le plan BC. F est la résultante de l'action de la pesanteur qui tend à faire descendre le corps m et de la force nécessaire pour déplacer la masse m à plat. Si l'on appelle Px l'effort nécessaire à plat, et ε la partie du poids qui agit pour l'entraîner en sens inverse du mouvement, on a

$$F = Px + \varepsilon. \qquad (1)$$

ε est la seule inconnue du second terme, et le triangle $g \varepsilon P$ nous en donne la valeur :

$$\varepsilon = P \sin \alpha. \qquad (2)$$

En remplaçant ε par sa valeur en (1) on a

$$F = Px + P \sin \alpha.$$

L'effort moyen dans une montée se compose donc de deux parties : l'effort moyen à plat pour la même allure, et une portion du poids de l'animal et de son fardeau proportionnelle au sinus de l'angle qui fait le plan avec l'horizon. Sous cette forme la formule est d'une application difficile ; aussi avons-nous cherché à la transformer dans le but de la rendre pratique.

Dans l'application journalière, on peut considérer que la seconde portion de l'effort moyen dans les montées est *sensiblement égal au produit du poids par la pente par mètre.*

Le tableau suivant en donne la démonstration. En effet, la pente *par mètre* est la tangente de l'angle α, et pour les angles très-petits la tangente diffère peu du sinus, ainsi qu'on va le voir :

PENTE par mètre ou tg α.	SINUS de l'angle α.	PENTE par mètre ou tg α.	SINUS de l'angle α.	PENTE par mètre ou tg α.	SINUS de l'angle α.
0,01	0,0099995	0,05	0,0499370	0,09	0,08964
0,02	0,0199560	0,06	0,0598920	0,10	0,099506
0,03	0,0299866	0,07	0,06983	0,15	0,1483
0,04	0,0399680	0,08	0,079755	0,20	0,1963

Exemple : un cheval doit monter au pas une côte où la pente par mètre est 0,07, son poids et celui de son cavalier = 560 kilogrammes.

D'après la formule

$$F = Px + P \operatorname{tg} \alpha,$$

l'effort moyen F égale

$$560 : 20 + 560 \times 0,07 = 67^{k},2.$$

Pour monter une pareille côte au trot l'effort serait de

$$56 + 39,2 = 95^{k},2.$$

Dans le premier cas le cheval dépensera 67,200 kilogr. par kil., et dans le second 95,200, tandis qu'à plat la dépense ne serait que de 28,000 et 56,000.

2° *Tirage des voitures sur les chemins.* — Quand l'animal traîne une voiture, l'effort moyen est égal à plat à l'effort nécessaire à son propre déplacement, augmenté d'une certaine quantité proportionnelle au poids de la voiture. On appelle coefficient de traction le nombre par lequel il faut multiplier le poids pour obtenir cet effort additionnel ; désignons-le par c. Donc

$$F = Px + \varphi c.$$

φ étant le poids du véhicule chargé.

Dans les montées la formule devient :

$$F = Px + \varphi c + (P + \varphi)\ \mathrm{tg}\,\alpha.$$

D'après les expériences du général Morin a été dressé le tableau suivant des coefficients de traction des véhicules.

NATURE DU CHEMIN.	CHARIOTS. — Rayon moyen.		CHARRETTES. — Rayon moyen.		VOITURES suspendues.
	0,60	0,70	0,80	1,00	
Route en empierrement solide avec frayer léger et boue molle...........	1:27,2	1:31,7	1:36,2	1:45,2	Pas... 1:26,2 Trot.. 1:22 G. trot 1:20
Route en grès de Fontainebleau ordinaire sec........	1:59,6	1:79,5	1:79,9	1:99,9	Pas... 1:59 Trot.. 1:34 G. trot 1:33

Exemple : effort déployé par deux chevaux de 500 kilogrammes pour gravir une côte avec une charge de 2,000 kilogrammes, charrette comprise, au pas ; la pente par mètre étant 0,03.

$$F = 1000 : 20 + 2000 \times \frac{1}{36} + 3000 \times 0{,}03;$$

$$F = 50 + 56 + 90 = 196 \text{ kilogrames.}$$

3° *Traction des instruments agricoles.*

Charrues. — L'effort nécessaire au fonctionnement de ces machines est très-variable, avec les sols, leur état, leur inclinaison, la largeur et la profondeur du labour, et les dispositions des pièces travaillantes de l'instrument.

Dans une expérience faite à Grignon, le 15 octobre 1874, la traction employée par la charrue pour un second labour de 0,205 de large et 0,105 de profondeur a été de 107 kilogr. 95, soit environ 50 kilogrammes par décimètre carré de section.

D'après une expérience du général Morin une charrue pesant 60 kilogrammes, prenant 0,28 de large sur 0,16 de profondeur, a dépensé de force : en terre légère 196 kilogrammes ; en terre moyenne 225 kilogrammes ; en terre forte et pierreuse, 326 ; soit par centimètre carré de section 437 gr. 5, 502 gr. 2 et 727 gr. 6.

M. Pusey a obtenu d'essais dynamométriques opérés sur différentes charrues où figuraient des araires écossaises de Clark et Fergusson, des charrues de Ransomes, de Hart, de King, etc. ; les résultats suivants :

	Kilogrammes.	Moyennes.
Terres légères	94 à 144	114
Limon argilo-siliceux	145 à 226	180
Terre forte	171 à 226	198
Argile plastique	270 à 322	296

Suivent les résultats des essais dynamométriques faits en 1855 et 1856 aux concours généraux :

CONSTRUCTEURS.	POIDS.	PROFONDEUR	LARGEUR	EFFORT moyen.	EFFORT par centimètre carré de section.	TRAVAIL pour 1 mètre cube de terre retournée.
	k.	m.	m.	k.	k.	kgrm.
Hamoir	53	0,24	0,20	155	0,3229	3230
Ridolfi	84	0,25	0,21	338	0,6447	6447
Odeurs, Belg	60	0,21	0,16	141	0,4194	4194
Mettray	54	0,15	0,25	150	0,4010	4010
Hohenhein	59	0,18	0,15	194	0,7207	7207
Bonnet	79	0,27	0,25	402	0,5964	5964
Grignon	50	0,18	0,22	135	0,3409	3409
Howard	112	0,18	0,22	166	0,4197	4197
Ransomes and Sons	122	0,18	0,22	214	0,5404	5404
Pluchet	138	0,19	0,26	267	0,5415	5415
ESSAIS DE 1856.						
Grignon	»	0,18	0,24	241	0,3576	3576
Ransomes	»	0,17	0,20	194	0,5705	5705
Howard	»	0,17	0,20	200	0,5882	5882
Parquin	»	0,18	0,20	258	0,7165	7165
Dubois jeune	»	0,17	0,23	335	0,8656	8656
Wallerand	»	0,28	0,50	900	0,4296	4296

Au concours de charrues bisocs tenu à la ferme de Bellevue-Chanteheur, le 27 mai 1874, par la société centrale d'agriculture de Nancy, les résultats suivants furent obtenus.

CHARRUES DI SOCS.	PROFONDEUR.	LARGEUR.	EFFORT total.	EFFORT par centimètre carré de section.
	c.	c.	k.	gr.
Dombasle, terre légère (grand modèle)	20,5	66	413,88	305,9
Dombasle, terre collante	20,0	65	413,91	338,4
Howard	19,4	57	373,34	337,6
Hornsby	19,5	49	371,36	389,4

Au concours de Saint-Aubin tenu par la société

d'agriculture de Bar-le-Duc, en 1875, on a constaté dans un sol pierreux les efforts moyens suivants :

Bisocs	Dombasle terre légère GrM.	342gr,8	par centimètre carré de section.
	Blandin...................	362gr,7	
	Sauvageot	354gr,4	

Herses. — Les seules données que nous possédions sur le travail de hersage sont dus aux expériences de M. J.-A. Grandvoinnet à Grignon (1874).

HERSES.	NOMBRE de dents.	POIDS.	CHARGE.	EFFORT total.
		k.	k.	k.
Parallélogrammique de Grignon.....	24	70	»	90
			63	168
			125	253
Howard........................	20	23,7	»	71
			40	117,3
			80	182,3
			120	230
			200	290

Rouleaux.—Essais faits à Grignon, en octobre 1874.

Le coefficient de traction des rouleaux varie sensiblement en raison inverse du rayon. En outre, il croît avec la charge par mètre de longueur à peu près d'après l'équation empirique

$$C = 0,0321\ P - 0,0507.$$

due à M. Grandvoinnet, où C est le coefficient de traction et P le poids du rouleau par mètre de longueur.

Un rouleau en fonte pesant 6,20 quintaux, et de $0^m,90$ de diamètre sur 1 mètre de longueur, a exigé une traction totale moyenne de 124 kilogr. 5 en montant une pente de 0,0275 par mètre sur un sol labouré et hersé précédemment, et en bon état pour être roulé, quoique légèrement moite. En descendant, l'effort a été de 63 kilogrammes. Les coefficients de traction sont :

En montant ($tg\ \alpha = 0,0275$) 0,20161
En descendant 0,10142
Et en plaine 0,15242

d'après les calculs de M. Grandvoinnet.

Faucheuses et moissonneuses. — Les animaux employés à leur traction sont soumis à un travail pénible, par suite de la vitesse qu'on exige d'eux d'abord, et de l'irrégularité du travail exigé.

Les résultats suivants ne sont que des moyennes :

CONSTRUCTEURS.	1° EFFORTS TOTAUX EN KILOGRAMMES.			2° POIDS de la machine, conducteur compris
	Pour traîner la machine.	Le mécanisme fonctionnant sans couper.	En plein travail.	
A. — FAUCHEUSES (1).				
Samuelson 1873	64,6	110,9	136,9	411
Hornsby	75,4	109,5	174,9	436
Sprague	48,9	64,9	129,2	»
Wood	59,6	74,6	(2) 120,6	378
B. — MOISSONNEUSES (3).				
Burdick	65,7	97,1	113,1	485
Howard	85,7	106,3	135,2	659
Samuelson (Royal Reaper)	76,5	102,8	137,1	539
Johnston	70,2	105,7	165,0	505
Whithely	79,4	111,4	145,7	543
Hornsby	85,1	108,5	151,4	509
Wood	60,7	95,1	111,4	467
Albaret	65,1	101,1	132,0	654
Faitot	88,5	100,0	165,1	718
Lallier	61,1	73,1	113,1	440

(1) Concours de Langres, 1873.
(2) Moyenne de quatre essais avant et après d'abondantes pluies.
(3) Concours de Grignon.

Calcul des rations.

La loi des relations, dont nous avons suivi toutes les phases dans le calcul des rations d'élevage, indique quelles doivent être ici, pour un fonctionnement normal, les proportions des principes alimentaires dans les rations, qu'il s'agisse d'un animal en croissance ou d'un sujet ayant atteint le maximum du développement. Son inobservance cause un énorme préjudice dans les exploitations agricoles qui se livrent à l'élévage du cheval ; car là, c'est à deux ans ou deux ans et demi que l'on commence à mettre les jeunes élèves au travail, et bien souvent, pour ne pas dire toujours, l'alimentation des poulains, pouliches et bouvillons est anharmonique avec leur activité de formation. Les résultats aussi sont mauvais, et l'on entend chaque jour dire que c'est là une spéculation ruineuse, et qu'il est bien plus économique ou profitable d'acheter des animaux de travail tout formés que de les faire. Et cependant, la doctrine zootechnique, expression absolue de la vérité, pose comme principe fondamental que l'agriculture ne doit jamais consommer aucun capital bétail, mais toujours en produire pour s'en défaire lorsqu'il a atteint son maximum de valeur. C'est qu'avant de l'établir, les savants qui la professent ont examiné l'application rationnelle de la production animale, qui seule pouvait les conduire à la vérité ; tandis qu'ils ont laissé de côté les applications vicieuses de l'ignorantisme agricole. En même temps que l'agriculteur emploie l'animal en croissance à la production de la force, il doit sans cesse avoir présent à l'esprit que cet organisme incomplet a un besoin irrémissible d'accrétion. Pour rester toujours dans des conditions naturelles, il faut qu'il donne au sujet, en outre de ce qui est nécessaire à la production absolue de la force dépensée, la quantité de nourriture qui est indispensable à la perfection du sujet. Si la ration totale ne peut pas répondre à ces deux besoins, il est évident que l'opération ne peut être que déplorable, et au point de vue de l'économie agricole et à celui de la beauté zootechnique. Conséquemment la loi des relations, qui résume ces conditions indispensables, en même temps que la distribution *à volonté* de la nourriture calculée sont avant tout d'une indispensable application.

Pour ce qui est de la quantité de principes nutritifs qu'il faut donner à chaque sujet relativement à son poids, dans le cas où l'application rigoureuse de l'alimentation à volonté n'est pas possible, comme nous l'avons vu dans le chapitre des *Généralités*, il est bon d'avoir recours à des points de repère qu'une longue expérience a établis. Voici les quantités de protéine relatifs au quintal vivant.

DE CHEVAL DE TRAVAIL.		DE BŒUF DE TRAVAIL.	
0^{k},22.......	Émile Wolff.	0^{k},19.......	Émile Wolff.
0^{k},28.......		0^{k},28.......	
0^{k},27.......	Boussingault.	0^{k},25.......	J. Kühn.
		0^{k},30.......	

Mais tous sont relatifs aux animaux adultes, et pour les jeunes bêtes il faut se reporter au tableau suivant, qui donne l'expression des relations et la valeur des quanta protéiques depuis le remplacement des pinces :

GENRE D'ANIMAUX. Bovidés. Bœuf, Bouvillon. Équidés. Cheval, Ane, Mulet.		LOI DES RELATIONS.		
		P : H =	Gr : P =	Gl : L =
Périodes.	Protéine °/₀ kg. Pv	1 :	1 :	1 :
Avant les pinces permanentes...........	0,45	4 à 5	< 2,5	< 0,5
3e période de l'élevage..	0,40 à 0,30	5 8	2,5 3	0,5 0,7
Age adulte.............	0,30 à 0,22	9 et 10	< 4	< 1 et 1

Une étude attentive de la quantité de mélange nutritif conforme à la loi des relations que consomme un animal de travail arrivé à son développement complet permet de déterminer avec une suffisante exactitude son aptitude totale au travail. Pour avoir la quantité de travail disponible, on retranche de l'aptitude totale la quantité de travail nécessaire au fonctionnement de l'animal à l'entretien d'après les bases posées plus haut.

Aliments qui conviennent au cheval.

Nous ne croyons pas inutile de citer en tête de ce paragraphe le passage suivant de l'encyclopédie agricole de Loudon :

« Dans nos contrées, les chevaux sont nourris d'avoine, de foin, d'herbe et de racines. Bon nombre de gens s'imaginent que ce sont les seuls aliments propres aux chevaux ; mais dans les autres parties du monde, où les produits du sol sont différents, la nourriture des chevaux n'est pas la même. Dans quelques contrées stériles, ces animaux sont forcés de se nourrir de poisson desséché et même de végétaux gâtés par l'humidité. En Arabie, on leur donne du lait, des boulettes de viande, des œufs, etc. Dans l'Inde, les chevaux sont nourris d'une manière toute différente : l'herbe ordinaire est regardée comme très-nutritive, on n'y récolte pas d'avoine, l'orge y est rare, et on ne la donne que rarement aux chevaux. Au Bengale on leur donne une espèce de vesce. Dans la partie ouest de l'Inde on les nourrit avec une sorte de féverolle, ou pois à pigeons, nommée grain (cicer arietinum), qui fait la principale partie de leur ration, à laquelle on ajoute de l'herbe dans la bonne saison, et du foin à défaut d'herbe tout le reste de l'année. On leur donne rarement du maïs et du riz. Dans les Indes occidentales, au contraire, on les nourrit de maïs, de cannes à sucre et parfois de mélasse. »

On voit par là combien est insensé le préjugé de nos campagnes qui consiste à croire que le cheval ne peut vivre que de foin et d'avoine. Sans doute nous ne nions pas la bonté de ces aliments, mais l'expérience a depuis longtemps démontré qu'ils ne sont pas les seuls avantageux dans nos climats.

Nous allons suivre dans l'étude particulière des aliments la classification que nous avons adoptée dans la première partie de cet ouvrage.

Fourrages verts. — L'herbe est la nourriture naturelle du cheval, c'est celle que la terre lui fournit spontanément. L'alimentation verte cependant rend le cheval plus mou, il transpire vite et abondamment. Mais cette sorte d'alimentation a aussi des avantages : « les blessures guérissent plus facilement et plus vite ; les maladies accompagnées d'inflammations sont moins dangereuses et les maux chroniques diminuent, si même ils ne guérissent pas complétement. » (John Stewart.)

Les jeunes poulains ne sont guère nourris que d'herbe depuis le sevrage.

Le trèfle, la luzerne, le sainfoin, le ray-grass, etc., produisent les mêmes effets que l'herbe.

Le genêt, l'ajonc épineux et la bruyère sont aussi employés comme nourriture verte. Ce sont des plantes abondantes et très-peu coûteuses, dit J. Stewart, et en même temps elles forment un excellent fourrage vert pour les chevaux; on le leur donne à défaut d'autre. Pour ceux qui sont malades, elles remplacent très-bien l'herbe, et beaucoup les mangeront quand ils refusent toute autre nourriture.

Foins. — Le foin de prairie naturelle est ordinairement la base de la nourriture des chevaux. D'après M. André Sanson, le minimum de ce qu'on devrait donner de cet aliment naturel, serait de un pour cent de poids vif. Cette quantité de foin, comme nous l'avons vu, couvre et au delà l'entretien de l'animal. Félix Villeroy conseille, comme ration moyenne par tête, 7 kilogr. 500. C'est cette quantité journalière que la pratique a fait aussi admettre dans nos exploitations, où les chevaux pèsent en moyenne 500 kilogr.

Toujours d'après F. Villeroy, le regain ne conviendrait pas aux chevaux; il les échaufferait, exciterait la soif et disposerait à la pousse. Dans nos exploitations on l'a toujours réservé aux agneaux et aux jeunes bêtes bovines.

Le trèfle, la luzerne, le sainfoin, sont de bons aliments pour les chevaux. On ne doit pas en donner une trop forte quantité : ils sont échauffants.

« C'est une opinion généralement admise, dit Boussingault, que l'usage du foin récemment récolté altère la santé des chevaux. » C'est pourquoi la commission d'hygiène vétérinaire de l'armée a entrepris une série d'expériences à cet égard. De ces expériences, relatées dans *l'Économie rurale* du savant agronome, on peut conclure que c'est un simple préjugé. Loin d'être défavorable, le foin nouveau est, au contraire, favorable ; et si l'on se reporte à ce qui a été dit dans la première partie de cet ouvrage, au sujet de la conservation des fourrages, l'on ne pourra pas manquer d'être fixé à cet égard. En effet, la principale modification que subit le foin en veillissant est de perdre une partie de sa protéine, par conséquent de devenir moins nourrissant.

Racines et tubercules. — Les betteraves sont saines pour les chevaux, et ceux-ci les aiment généralement. On doit les donner pures et coupées en tranches assez grosses. Nous avons vu des chevaux, très-friands de ces racines, les refuser obstinément lorsqu'elles étaient coupées au coupe-racines. Pendant le terrible hiver 1870-1871, tous nos chevaux ont été nourris de betteraves, ils en recevaient environ 30 kilogr. par jour et par 1,000 kilogr. de poids vif. Tous, sans exception, s'en sont fort bien trouvés. — L'agronome de Béchelbronn dit que les chevaux s'accoutument facilement à manger de la betterave. Il ajoute qu'un cheval ayant reçu pendant 15 jours une ration composée de 5 kilogr. de foin, 2,5 de paille, 3,29 d'avoine et 20 de betteraves a exécuté un travail assez fort, mais très-régulier. Il était employé tous les jours, pendant 8 heures, à faire tourner l'arbre d'une machine à molettes, et son état n'a pas varié, et ses déjections étaient convenables. On peut donc sans crainte faire entrer les betteraves dans les rations des chevaux.

Les carottes, comme les betteraves, forment une

saine nourriture, et sont mangées avec avidité. La pratique leur a toujours donné la préférence pour la nourriture des chevaux. Cela s'explique parfaitement. En effet, les tables que nous avons données dans la première partie montrent parfaitement que, pour un même poids, la carotte renferme deux fois plus environ de protéine que la betterave

Le topinambour est considéré avec raison comme très-convenable à l'alimentation du cheval; il est consommé avec avidité, et les bons effets de ce tubercule, donné en quantité suffisante, ne tardent pas à se manifester (Boussingault). Mais les topinambours sont d'un nettoyage assez difficile, et l'on ne parvient pas toujours à débarraser leurs anfractuosités des pierres qu'elles contiennent.

Les navets se donnent crus ou cuits. Les navets crus peuvent provoquer l'indigestion, et les chevaux ne les aiment pas autant. Cuits à la vapeur, ils exhalent un odeur agréable et l'on peut en donner davantage sans que les chevaux s'en dégoûtent. — Cette racine engraisse rapidement les chevaux et leur donne un pelage doux, brillant, en même temps que la peau s'en trouve assouplie (J. Stewart).

Les pommes de terres, soit crues, soit cuites, plaisent beaucoup aux chevaux. Les pommes de terres, données crues, sont laxatives. Si, au contraire, on les fait manger cuites, elles perdent cette propriété. On peut les donner seules ou mélangées avec du son, des balles, de la paille ou du foin hachés. Elles peuvent parfois occasionner des indigestions, qu'on évite en les donnant tièdes aux animaux.

Grains. — Dans nos contrées, l'avoine est de tous les grains celui qui convient le mieux aux chevaux.

L'avoine, dit Bouley, dans *la Maison Rustique du XIXe siècle*, l'avoine a une action toute spéciale sur l'économie du cheval. Elle contient relativement peu de fécule; son écorce contient un principe aromatique auquel on attribue les effets que ce grain produit pour l'organisation des chevaux.

Est-ce à dire qu'on doive toujours donner de l'avoine aux chevaux? Non. Faites manger de ce grain à vos chevaux, quand il est à bas prix, mais aussitôt qu'il devient cher, nourrissez-les d'un autre aliment qui coûte moins; si vous possédez de l'avoine, vendez-la; si vous n'en avez point, gardez-vous bien d'en acheter.

Les féverolles, le seigle, l'orge, les tourteaux, le son, etc., permettent souvent de se passer complétement d'avoine.

Les féverolles sont pour les chevaux une nourriture excellente. Et nous tenons de M. Sanson lui-même, que la Compagnie des petites voitures de Paris a fait, pendant ces dernières années, une notable économie, puisqu'elle se chiffre par des centaines de mille francs, en remplaçant une partie de l'avoine de la ration journalière par des féverolles.

Le seigle est aussi un très-bon aliment. Mais avant de le donner aux chevaux, il faut avoir soin de le faire gonfler en le laissant macérer pendant 24 heures environ dans l'eau. Depuis longtemps nous en faisons usage dans nos écuries; les animaux s'en sont toujours très-bien trouvés.

On reproche à l'orge naturel de rendre les chevaux fourbus. Nous ne pouvons nous prononcer à cet égard; mais d'un autre côté on affirme que l'orge cuite n'a pas d'inconvénients.

Cependant, dans tout l'Orient, on nourrit les chevaux

principalement avec de l'orge. L'avoine n'est pas ou peu cultivée.

Résidus et produits d'industries. — Le son de froment convient très-bien au cheval, mais il ne faut pas cependant en donner à la fois une trop forte dose, car une indigestion pourrait être la suite d'une telle façon d'agir. Il convient surtout de le mélanger aux aliments échauffants; personne n'ignore ses propriétés laxatives.

On peut aussi donner aux chevaux des tourteaux de lin, colza, etc. Cette nourriture, riche en protéine, est très-propre à fournir de la force, mais il ne faut pas en donner de grandes quantités à la fois, parce que les chevaux s'en dégoûtent facilement; M. Decrombecque en donne 1 kilogramme par tête.

Les farines de blé, de seigle, d'orge, d'avoine, de maïs peuvent être données en barbottages.

Le pain est aussi employé quelquefois pour la nourriture du cheval.

La nourriture fermentée convient aussi aux chevaux, et M. Decrombecque ne leur donne jamais de rations autrement préparées. Les foins et paille hachés à 2 centimètres tombent dans des citernes où on les humecte avec de l'eau chauffée en hiver. Quand ils sont suffisamment humectés et bien tassés on les saupoudre avec un mélange d'avoine et d'orge aplaties, concassées ou cuites, on sale et on ajoute des tourteaux. On recouvre alors soigneusement pour empêcher l'accès de l'air. Suivant la saison, on laisse fermenter de 30 à 50 heures.

Établissement d'une ration de chevaux de labour, pesant en moyenne 500 kilogrammes l'un, et devant fournir 6 heures de travail pendant l'hiver, sur un sol léger, attelés 4 par 4 au bisoc Dombasle.

L'expérience nous a démontré que la vitesse moyenne pour les labours d'hiver était de 40 mètres à la minute avec les chevaux en question. L'espace parcouru en 6 heures est conséquemment $40 \times 60 \times 6 = 14{,}400$ mètres.

La profondeur du labour étant 15 centimètres, et l'instrument prenant 66 centimètres de large, la section du labour renferme $66 \times 15 = 990$ centimètres carrés ; et l'effort moyen par centimètre carré de section étant de 305 gr. 9, la traction totale est donc $990 \times 305{,}9 = 302$ kilogr. 841, environ 303 kilogrammes.

Le travail total exigé par 6 heures de labour dans ces conditions est en kilogrammètres $303 + 14{,}400 =$

1,363,200 kilogrammètres.

La quantité de protéine assimilée disponible, nécessaire pour produire ce travail, est, d'après la formule (5) :

$$P = \frac{T = 4{,}363{,}200}{2{,}680{,}000} = 1^{k}{,}628.$$

L'entretien et le déplacement de 20 quintaux de chevaux adultes, à l'allure lente du labour, peuvent être estimés à 44 gr. de protéine digérée par quintal $=$ 880 gr. en tout, qu'on peut décomposer ainsi : 360 grammes pour l'entretien au repos à raison de 180 grammes par tonne vivante et 520 grammes pour le déplacement du corps à l'allure du pas.

Il faut donc, en somme, $1{,}628 + 0{,}880$ de protéine, soit : 2 kilogr. 508.

Pour satisfaire à ce besoin journalier, les chevaux ont reçu par tête de 500 kilogrammes :

ALIMENTS.	PROTÉINE.	GRAISSE.	GLUCOSIDES.	LIGNEUX.
Foin de luzerne 4^k........	0,576	0,112	1,028	1,388
Pommes de terre 15^k.....	0,450	0,030	3,150	0,150
Sommités de paille d'avoine 5^k	0,200	0,100	2,000	2,050
	1,226	0,242	6,178	3,588
		10,008		

Relation digestive $\frac{P}{H} = \frac{1,226}{10,008} = \frac{1}{8,2}$.

Coefficient de digestibilité de la protéine $= 0,5231$.

Protéine digérée $635^{gr},3$.

Pour 4 chevaux $635,3 \times 4 = 2^k,5412$.

Relation adipo-protéique $= \frac{1}{5}$.

Rapport des glucosides au ligneux $= \frac{1}{0,6}$.

Le rapport adipo-protéique $\frac{1}{5}$ est un peu faible, mais comme la fécule est abondante dans la ration, elle agit comme palliatif de ce défaut.

Pendant tout l'hiver 1874 cette ration a été régulièrement distribuée à nos chevaux de Saint-Éloi. Les animaux acquirent rapidement une robe brillante et les formes arrondies qui caractérisent le bon état; et de l'avis des agriculteurs voisins, jamais ils ne s'étaient si bien portés. Ils faisaient facilement leurs 6 heures de charrue en 2 attelées. Si cependant, pour une cause ou pour une autre, on les faisait travailler 1 ou

2 heures de plus, les animaux avaient besoin d'être vivement excités et suaient rapidement.

Loin de l'infirmer, cette remarque est une éclatante confirmation de l'exactitude de la méthode. La ration calculée pour 6 heures de travail était épuisée au bout de ce temps, et l'excès que l'on voulait obtenir dans ces circonstances entraînait nécessairement l'usure de l'organisme.

Préparation des aliments. — Les pommes de terre cuites à la vapeur étaient données écrasées et froides et mélangées avec 3 kilogrammes de paille hachée.

Ration pour un cheval de voiture travaillant beaucoup.

ALIMENTS.	POIDS 500k (ADULTE).			
	Protéine.	Graisse.	Glucosides.	Ligneux.
Foin de pré 7k,50	0,68	0,22	3,05	2,17
Avoine 6k	0,84	0,36	3,36	0,54
	1,52	0,58	6,41	2,71
			9,70	

Relation digestive 1 : 6,4.

Relation adipo-protéique 1 : 2,6.

Protéine digérée = 1k,52 × 0.5834 = 886gr,8 } disponible
Entretien 90 } 796,8

Travail disponible total = 796 × 2,680 = 2,133,000 kilogrammètres.

Le travail réellement utilisable est égal à la différence entre le travail disponible total et le travail de transport de l'animal.

Aliments qui conviennent au bœuf.

Tous les aliments que nous avons cités, soit dans le chapitre de la production du lait, soit dans celui-ci déjà au sujet du cheval, conviennent parfaitement au bœuf. Mais il est moins besoin pour cet animal que pour le cheval de recourir à des aliments concentrés renfermant sous un faible volume une grande quantité de principes immédiats nutritifs, en raison de son immense capacité gastrique. D'où il suit que l'entretien du bœuf comme bête de trait permet l'utilisation d'aliments peu riches, et par conséquent d'un prix inférieur ; et, dans certaines conditions économiques, il y a là un avantage incontestable. Il est inutile en effet de donner des grains aux bœufs de travail, grains dont le prix est toujours relativement élevé ; le maïs, les racines et leurs résidus, la paille, avec des tourteaux ou du son pour parfaire la relation digestive, voilà pour l'alimentation hibernale. Pendant toute la belle saison la nourriture verte est ce qu'il y a de préférable ; en prenant les précautions nécessaires pour maintenir uniforme les rapports alimentaires.

Ration hibernale pour bœufs de travail.

ALIMENTS.	PAR TONNE VIVANTE (1,000k).			
	Protéine.	Graisse.	Glucosides.	Ligneux.
Betteraves globe jaune 50k =	1,8	0,15	12,0	0,5
Paille de blé........ 20 =	0,4	0,30	5,6	9,8
Tourteaux de colza.. 3 =	0,8	0,42	0,7	0,5
	3,0	0,85	18,3	10,8
		29,95		

Relation digestive $= \frac{3}{29,95} = \frac{1}{10}$.

Coefficient de digestibilité de la protéine $= 0,473$.

Protéine digérée $3 \times 0,473 = 1,419$.

Dont pour l'entretien, 180 gr.................. Dont pour le transport au pas à raison de 40 mètres à la minute durant 6 heures (720,000^{kgm}), 268 gr.	448 gr.

$1,419 - 0,448 = 0,971$ de protéine disponible pour le travail utile, soit 2,602,280 kilogrammètres de travail utilisable ou par animal 1,301,140 kilogrammètres..

TABLE DES MATIÈRES.

DEUXIÈME PARTIE.

CALCUL DES RATIONS.

Clichy. — Imprimerie Paul Dupont, rue du Bac-d'Asnières, 12. (14, 3-6.)

Clichy. — Imp. Paul DUPONT, rue du Bac-d'Asnières, 12. (14 *bis*, 4-6)

www.ingramcontent.com/pod-product-compliance
Ingram Content Group UK Ltd.
Pitfield, Milton Keynes, MK11 3LW, UK
UKHW020119200726
13856UKWH00002B/624

9 782013 554237